1001
Daten & Fakten
über die Entwicklung des
MENSCHEN

DEE TURNER

KARL MÜLLER VERLAG

Inhalt

Die ersten Menschen	4
Menschen der Welt	6
Unser Körper	8
Unsere Sinne	10
Neues Leben	12
Miteinander leben	14
Verschiedene Sprachen	16
Unsere Nahrung	18
Unsere Kleidung	20
Unsere Wohnungen	22
Religionen	24
Regierungsformen	26
Die Künste	28
Berühmte Leute	30
Erfindungen	32
Sport und Spiel	34
Rekorde und Grenzen	36
Gewalt und Verbrechen	38
Die Zukunft	40
Fakten und Tabellen	42
Register	46

© by Times Four Publishing Ltd 1992
Original Ausgabe: Kingfisher Books, London
© der deutschsprachigen Ausgabe
Karl Müller Verlag, Danziger Straße 6,
D-91052 Erlangen, 1993.

Alle Rechte vorbehalten.
Kein Teil des Werkes darf in irgendeiner Form
(durch Fotokopie, Mikrofilm oder ein ähnliches Verfahren)
ohne die schriftliche Genehmigung des Verlages
reproduziert oder unter Verwendung elektronischer
Systeme verarbeitet, vervielfältigt oder verbreitet werden.

Titel der Originalausgabe: 1001 facts about PEOPLE
Übertragung aus dem Englischen: Dieter Krumbach
Redaktion: Dieter Krumbach

Printed in Spain

ISBN 3-86070-379-X

Einleitung

In diesem Buch erfährst du vieles über ein bemerkenswertes Wesen – den Menschen. Du kannst herausfinden, wie unser Körper funktioniert und woraus er besteht. Du siehst, wie die Menschen sich verständigen, an was sie glauben, was ihnen Spaß macht, wie sie leben.

Außerdem zeigen wir dir, was die Menschen alles geschaffen haben – von Literatur, Gemälden und Musik bis zu Maschinen, die die ganze Welt verändert haben und mit denen wir sogar ins Weltall fliegen können.

Wichtige Informationen sind durch einen Punkt gekennzeichnet, zum Beispiel:

● Mit zwei Jahren können die meisten Kinder bereits einige hundert Wörter verwenden.

Oben auf jeder Seite findest du stichwortartige Informationen – zum Beispiel, woraus unser Körper besteht, besondere Nahrungsmittel auf der Welt, wo und wann die bekanntesten Spiele erfunden wurden.

Auf jeder Doppelseite gibt es einen Kasten „Unglaublich, aber wahr", in dem du die verrücktesten Tatsachen findest.

Auf Seite 42 bis 45 findest du Tabellen und Listen, die viele Einzelheiten noch mal zusammenfassen.

Wenn du nicht weißt, wo du etwas findest, schau einfach im Register auf Seite 46 bis 48 nach.

Damit du dich schnell zurechtfindest, sind einige Schlüsselbegriffe fett gedruckt, zum Beispiel: **Olympische Spiele.**

Die ersten Menschen

Diese Werkzeuge und Waffen benutzten die ersten Menschen:

Steinwerkzeug: Homo habilis (vor 2,5 Millionen Jahren)

Die ersten wirklichen **Menschen** lebten vor etwa zwei Millionen Jahren. Davor hatte es allerdings schon menschenähnliche Wesen gegeben. Menschen, die so aussehen wie wir, gibt es erst seit 100 000 Jahren – das ist nur eine winzige Zeitspanne in der Erdgeschichte.

Die ersten Menschen

Wissenschaftler untersuchen Fossilien (Knochen und andere Überreste), um herauszufinden, wie die ersten Menschen aussahen.

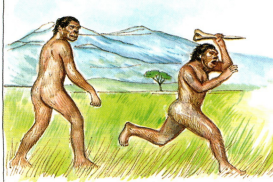

Australopithecus

● Vor 3,5 Millionen Jahren lebte in Australien der Australopithecus. Er hatte ein affenähnliches Gesicht, ging aber aufrecht und benutzte wahrscheinlich Stöcke und Knochenstücke als Werkzeuge.

Homo habilis

● Vor etwa 2 Millionen Jahren lebte in Afrika der Homo habilis („geschickter Mensch"). Er hatte ein größeres Gehirn als der Australopithecus. Er benutzte geschärfte Steine als Werkzeuge, baute Behausungen und jagte in Gruppen.

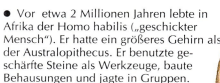

Neandertaler-Schädel

Schädel eines modernen Menschen

● Vor 1,6 Millionen Jahren erschien der Homo erectus („aufrechtgehender Mensch") – zuerst in Afrika, dann auch in Asien. Er war größer als der Homo habilis und hatte ein noch größeres Gehirn. Er benutzte verschiedene Steinwerkzeuge und lernte das Feuer als Wärmequelle und zum Kochen zu nutzen.

Unglaublich, aber wahr

● Unsere heutigen Beile sehen den frühesten Jagdwaffen sehr ähnlich.

● Schon vor einer Million Jahren bauten Menschen Hütten aus Mammutknochen, die sie mit Tierhäuten überzogen.

● Die frühen Menschen lernten wahrscheinlich Fleisch zu kochen, weil ihnen versehentlich ein Stück ins Feuer fiel.

● Die nächsten Verwandten der Menschen sind wahrscheinlich Gorillas, Schimpansen und Orang-Utans.

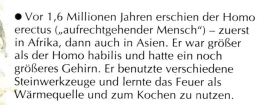

Homo erectus

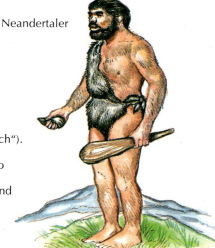

Neandertaler

● 200 000 bis 100 000 Jahre vor unserer Zeit erschien der Homo sapiens („denkender Mensch"). Auch wir gehören noch zu dieser Gruppe. Die Neandertaler waren eine frühe Form des Homo sapiens. Sie lebten vor etwa 60 000 Jahren in Europa. Sie wohnten in Höhlen, trugen Felle und ritzten Tierzeichnungen in die Felsen.

Faustkeil: Homo erectus (vor 1,5 Millionen Jahren)

Steinäxte an Holzgriffen: Neandertaler (vor 42 000 Jahren)

Waffen aus Bronze: moderner Mensch (vor 5 000 Jahren)

Die ersten modernen Menschen

Die Neandertaler starben langsam aus. Gleichzeitig kamen andere Typen des **Homo sapiens** auf und verteilten sich über die Welt. Diese ersten **modernen Menschen** hatten viele Ideen:

● Sie dekorierten ihre Werkzeuge mit Tierzeichnungen und bemalten die Wände ihrer Höhlen mit Jagdszenen.

● Sie stellten aus Muscheln und Tierzähnen Schmuck her. Ihre Kleidung nähten sie mit Knochen-Nadeln zusammen.

● Sie begruben ihre Toten: Dabei färbten sie deren Körper rot und gaben ihnen Waffen mit ins Grab. Das war vermutlich eine Art religiöse Zeremonie, welche ihren Glauben an ein Leben nach dem Tod wiederspiegelte.

Die ersten Bauern

Zuerst lebten die Menschen als **Nomaden** – sie zogen in kleinen Gruppen oder Stämmen auf der Suche nach guten Jagdgebieten umher. Vor etwa 10 000 Jahren kam es zu einer bedeutenden Veränderung: Menschen ließen sich an festen Orten nieder und bauten Nahrung an. Diese **ersten Bauern** lernten, wie man:

● Pflanzen aussät und die Früchte erntet.

● Wilde Ziegen und Schafe fängt, die Milch, Fleisch und Felle liefern.

● Aus Stroh und Lehm, der in der Sonne trocknet, Hütten baut.

● Brot bäckt. Die ersten Fladenbrote waren flach und hart.

Städte und Handel

Als die Menschen sich an festen Plätzen niederließen, stellten sie manchmal mehr her, als sie selber brauchten. So begannen sie mit ihren Nachbarn zu handeln. Sie bekamen von diesen andere Güter, die sie selber brauchten. Manche Städte wuchsen und wurden **Handelszentren.**

● Die Menschen in den festen Ansiedlungen hatten mehr Zeit, neue Techniken zu entwickeln – zum Beispiel töpfern, weben oder Werkzeug anfertigen.

● Schließlich wurden manche Leute Handwerker, die sich auf bestimmte Waren spezialisierten und diese verkauften.

● Bevor das Geld erfunden wurde, tauschten die Menschen ihre Güter. Wenn jemand zum Beispiel Weizen brauchte, konnte er ihn gegen einen Tontopf oder Wolle eintauschen.

Weben am Webstuhl

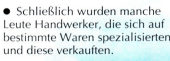

Menschen der Welt

Die durchschnittliche Lebenserwartung in einigen Ländern:

Japan: 79 Jahre

Jahrtausendelang wurde die Zahl der Menschen auf der Welt nur sehr, sehr langsam größer. Früher war die Lebenserwartung der Menschen kürzer als heute, denn man wußte kaum etwas über die **Medizin.** Viele starben schon in jungen Jahren an Krankheiten oder Verletzungen.

Heute haben die Menschen in vielen Ländern bessere Wohnmöglichkeiten und besseres Essen. Die Medizin hilft uns, Krankheiten zu bekämpfen, deshalb leben die Menschen heute länger als früher, und so gibt es immer mehr Menschen auf der Erde.

V. Chr. und n. Chr.

Die Buchstaben v. Chr. bedeuten „vor Christi Geburt" und n. Chr. „nach Christi Geburt". Die Jahreszahlen vor Christi Geburt werden nach rückwärts in die Vergangenheit gezählt. 1000 v. Chr. ist also früher als 500 v. Chr.

Wie die Städte wachsen

Dies sind Beispiele dafür, wie viele Menschen früher und heute in großen **Städten** der Welt wohnten und wohnen.

Die Bevölkerungsexplosion

In jeder Minute werden etwa 155 Menschen geboren. Der Anstieg der Bevölkerung heute wird oft **Bevölkerungsexplosion** genannt. Wenn diese Entwicklung anhält, wird sich Ende des nächsten Jahrhunderts die Weltbevölkerung verdreifacht haben.

- In der Vergangenheit wuchs die Bevölkerung viel langsamer. In etwa 11 500 Jahren stieg sie von 10 Millionen auf 500 Millionen an. Seit etwa 1800 wächst sie sehr schnell.

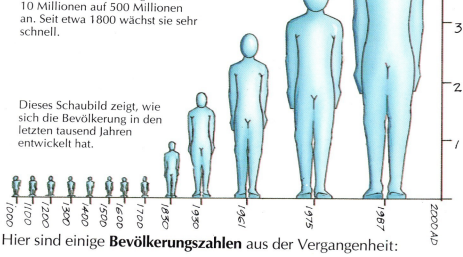

Dieses Schaubild zeigt, wie sich die Bevölkerung in den letzten tausend Jahren entwickelt hat.

Hier sind einige **Bevölkerungszahlen** aus der Vergangenheit:

- Um 8 000 v. Chr. lebten auf der ganzen Welt wahrscheinlich nur 6 Millionen Menschen, die meisten davon in Asien und Afrika.

- Um das Jahr 0 hatten sich die Menschen schon fast über die ganze Welt verteilt. Ihre Zahl stieg auf etwa 255 Millionen an.

- Um 1600 hatte sich diese Zahl auf 500 Millionen fast verdoppelt.

- 1987 gab es bereits 5 Milliarden Menschen auf der Welt – das sind zehnmal soviel Menschen wie 1600.

- Wenn die Bevölkerung weiterhin so schnell wächst, verdoppelt sie sich etwa alle 40 Jahre.

- 27 000 v. Chr.: In Dolní Věstonice (heute Tschechoslowakei) lebten etwa 100 Menschen zusammen.

- 7800 v. Chr.: In Jericho (heute Jordanien) lebten etwa 27 000 Menschen.

- Schon um 133 v. Chr. war Rom eine riesige Stadt mit einer Million Einwohnern.

Großbritannien: 75 Jahre

USA: 76 Jahre

Äthiopien: 52 Jahre

Unglaublich, aber wahr

● Die Bevölkerung Chinas wächst pro Tag um 35 000 Menschen an – das sind über 12 Millionen Jahr.

● Heute ist jeder dritte unter 15 Jahre alt. Nicht einmal jeder zehnte ist über 64 Jahre alt.

● Man schätzt, daß die durchschnittliche Lebenserwartung um 400 n. Chr. für einen Mann 33, für eine Frau 27 Jahre betrug.

Bevölkerungsprobleme

Die riesige Geschwindigkeit, mit der die Erdbevölkerung wächst, verursacht große Probleme:

● Nahrungsknappheit: Damit alle satt werden, müssen wir mehr Nahrung produzieren und sie gerechter verteilen.

● Umweltverschmutzung durch Brennstoffe. Die Reserven an Kohle, Öl und Gas werden knapp und sind nicht regenerierbar (bilden sich nicht wieder neu, wenn sie verbraucht sind).

● Die Natur wird beim Bau von Wohnungen durch Industrie und Landwirtschaft zerstört.

● Hunger und Armut breiten sich besonders in Afrika und Asien aus.

● Die Wohnungen werden knapp.

Länder

Heute ist die Welt in etwa 170 **Staaten** oder **Länder** aufgeteilt. Die Zahl ändert sich ständig, da sich manchmal Länder vereinigen oder neue abspalten.

● Ein unabhängiger Staat hat eine eigene Regierung, macht seine eigenen Gesetze und besitzt seine eigene Flagge.

Vatikanstadt

● Das kleinste unabhängige Land ist der Vatikan in Rom. Er ist nur 0,4 Quadratkilometer groß und wird von der katholischen Kirche regiert.

● Das Land mit der größten Bevölkerung ist China. Dort leben über eine Milliarde Menschen.

● In den folgenden Ländern leben die meisten Menschen in Städten: Großbritannien 91%, Australien 85%, USA und Japan 76%. In anderen Ländern sind die meisten Menschen Bauern: Indien 72%, Kenia 80%, Burkina Faso (Afrika) 91%.

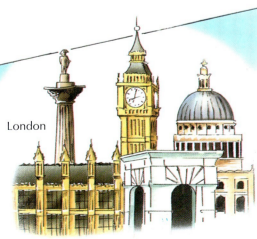

London

● London hatte erst um 1800 eine Million Einwohner. Heute leben dort über 6 Millionen Menschen.

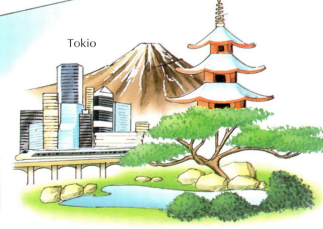

Tokio

● Einige Städte heute:
1985: Mexico City, 8,8 Millionen
1988: New York, 7,3 Millionen
1989: Tokio, 8,2 Millionen
1989: Shanghai, 7,2 Millionen

Unser Körper

Was du über deine Körpertemperatur wissen solltest: Wenn die Körpertemperatur unter 35 Grad Celsius absinkt, friert man so stark, daß es einen schüttelt.

Der menschliche Körper besteht aus vielen verschiedenen Teilen, darunter Milliarden von **Zellen,** ein paar tausend Kilometer **Adern,** Hunderte von **Muskeln** und **Knochen.** Jedes dieser Teile und Teilchen hat eine bestimmte Aufgabe. Alle müssen zusammenarbeiten, damit der Körper leben kann.

Zellen

Der ganze Körper besteht aus winzigen lebenden Teilchen – den Zellen. Ein Erwachsener hat etwa 50 Milliarden Zellen.

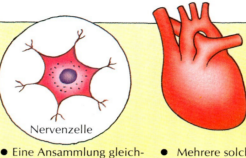

- Eine Ansammlung gleichartiger Zellen mit derselben Funktion heißt Gewebe. Muskeln und Nerven sind zum Beispiel ein Gewebe.

- Mehrere solcher Gewebe bilden zusammen die Organe, zum Beispiel Herz und Lunge.

Herz im Körper

Das Skelett

Das **Skelett** ist das Gestell oder der Rahmen des Körpers. Es besteht aus 206 Knochen. Es bietet Halt und Schutz.

- Der Schädel schützt das Gehirn, die Rippen schützen das Herz.

- Wo zwei Knochen aufeinandertreffen, liegen die Gelenke. Manche sind steif, andere lassen sich biegen.

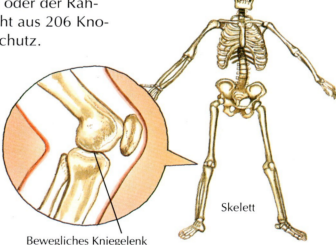

Skelett

Bewegliches Kniegelenk

Muskeln

Der menschliche Körper hat etwa 650 Muskeln. Dadurch kann sich das Skelett bewegen.

- Muskeln bewegen sich durch Zusammenziehen und Entspannen. Sie sind durch Sehnen an den Knochen befestigt. Wird ein Muskel angespannt, zieht die Sehne am Knochen und bewegt ihn. Die meisten Muskeln wirken paarweise gegeneinander (einer zieht, der andere entspannt).

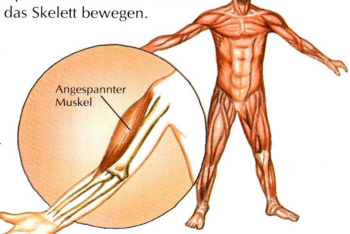

Körpermuskeln

Angespannter Muskel

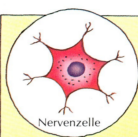

Unglaublich, aber wahr

- Jedes Haar auf deinem Kopf lebt 2 bis 6 Jahre, bevor es ausfällt. Eine Augenwimper hält nur etwa 10 Wochen.

- Die meisten Menschen haben 12 Paar Rippenknochen – manche haben aber auch 13.

- Im Laufe seines Lebens verbraucht ein Mensch durchschnittlich 20 Tonnen Nahrung und 50 000 Liter Flüssigkeit.

- Jeder Mensch geht in seinem Leben durchschnittlich 25 000 km weit.

Die durchschnittliche normale Körpertemperatur liegt bei 37 Grad Celsius.

 Wenn sie auf 38 Grad Celsius ansteigt, fühlt man sich heiß und fiebrig.

 Die meiste Wärme geht oben durch den Kopf verloren.

Der Blutkreislauf

Das **Blut** transportiert **Sauerstoff** und gelöste Nahrungspartikel, die **Nährstoffe** zu allen Zellen im Körper, damit diese **Energie** liefern können.

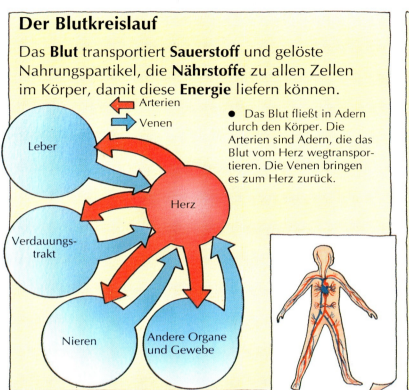

- Das Blut fließt in Adern durch den Körper. Die Arterien sind Adern, die das Blut vom Herz wegtransportieren. Die Venen bringen es zum Herz zurück.

Die Lunge

Wenn wir einatmen, kommt über die Lunge **Sauerstoff** ins Blut. Die verbrauchte Luft, das **Kohlendioxyd,** gelangt aus dem Blut zurück in die Lunge.

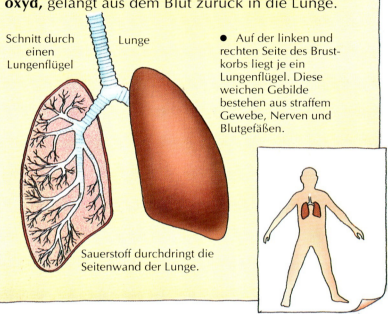

- Auf der linken und rechten Seite des Brustkorbs liegt je ein Lungenflügel. Diese weichen Gebilde bestehen aus straffem Gewebe, Nerven und Blutgefäßen.

Das Verdauungssystem

Alles, was wir essen, muß zerkleinert werden, damit wir die **Nährstoffe** ins Blut aufnehmen können und sie in Energie umgewandelt werden.

Dies geschieht im Verdauungstrakt, einem Röhrensystem, das am Mund beginnt und am After endet.

1 Die Nahrung gelangt durch den Mund in den Magen und wird dort durch Verdauungssäfte zerkleinert.

2 Die Nahrung gelangt in den Dünndarm (ungefähr 6 Meter lang) und wird dort weiter verdaut.

3 Nährstoffe dringen durch die Darmwände ins Blut. Sie werden von dort zur Leber transportiert und gelagert, bis sie anderswo gebraucht werden.

4 Die Nahrung kommt in den Dickdarm. Wenn sie noch Wasser oder Nährstoffe enthält, gelangen diese hier durch die Wände ins Blut.

5 Die Nieren filtern den flüssigen Abfall, den Urin, aus. Er sammelt sich in der Blase, bis man auf die Toilette geht.

6 Feste Abfallstoffe lagern am Ende des Dickdarms. Sie verlassen als Fäkalien oder Kot den Körper.

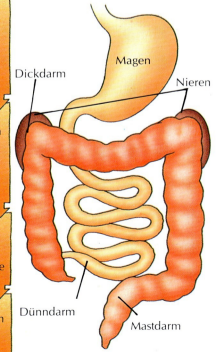

Unsere Sinne

Verschiedene Stellen im Gehirn steuern unterschiedliche Vorgänge:

 Sehen    Bewegung

Der menschliche Körper hat sehr gut ausgeprägte **Sinne**, mit denen er die Welt wahrnehmen kann. Er kann fühlen, sehen, hören, riechen und schmecken. All diese Informationen verarbeitet er besser als jeder Computer. Das braucht er zum Überleben.

Alle auf diese Art gesammelten Informationen werden im **Gehirn** ausgewertet. Unser Gehirn ist wahrscheinlich höher entwickelt als das der Tiere.

Die Leistung des Gehirns

Das Gehirn ist die Kontrollzentrale des Körpers. Es steuert die richtigen Bewegungen, denkt, trifft Entscheidungen, behält Erinnerungen und erzeugt Stimmungen wie Freude, Ärger oder Trauer.

- Der Körper sendet ständig Botschaften ans Gehirn, damit es weiß, was vorgeht. Das Gehirn sendet Befehle zurück, damit die einzelnen Teile wissen, was sie tun sollen. Diese Botschaften und Befehle laufen durch die Nerven, die den ganzen Körper durchziehen.

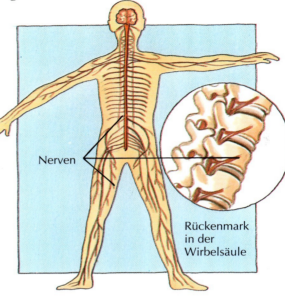

Nerven

Rückenmark in der Wirbelsäule

- Nerven arbeiten so ähnlich wie Telefonleitungen. Sie übertragen Informationen in Form von winzigen elektrischen Signalen.

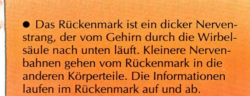

- Das Rückenmark ist ein dicker Nervenstrang, der vom Gehirn durch die Wirbelsäule nach unten läuft. Kleinere Nervenbahnen gehen vom Rückenmark in die anderen Körperteile. Die Informationen laufen im Rückenmark auf und ab.

- Das Gehirn bekommt Informationen über die Welt außerhalb des Körpers von den fünf Sinnen: Sehen, Hören, Geschmacks-, Geruchs- und Tastsinn. Die Teile unseres Körpers, die Dinge wahrnehmen, heißen Sinnesorgane. Es sind Augen, Ohren, Nase, Zunge und Haut.

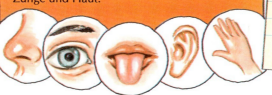

Unglaublich aber wahr

- Das Gehirn eines Erwachsenen wiegt 1,4 kg. Größe und Aussehen erinnern an einen Blumenkohl.

- Die schnellsten Mitteilungen rasen mit 400 km/h durch die Nerven.

- Sehr wenige Frauen sind farbenblind. Dagegen kann etwa jeder zwölfte Mann manche Farben nicht richtig erkennen.

- Eine einzige Gehirnzelle kann mit bis zu 25 000 anderen Gehirnzellen verbunden sein.

 Hören  Denken  Sprechen

Sehen

Das Auge hat eine besondere Schicht, die **Netzhaut**. Dort liegen lichtempfindliche Zellen. Informationen gelangen von hier durch die Nerven zum Gehirn, das feststellt, was die Augen sehen.

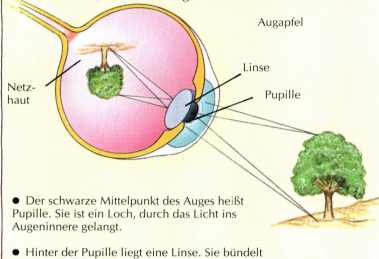

- Der schwarze Mittelpunkt des Auges heißt Pupille. Sie ist ein Loch, durch das Licht ins Augeninnere gelangt.

- Hinter der Pupille liegt eine Linse. Sie bündelt die Lichtstrahlen zu einem auf dem Kopf stehenden Bild auf der Netzhaut hinten im Auge. Das Gehirn dreht das Bild dann wieder herum.

Hören

Der Teil des Ohres, den man sehen kann, heißt **Ohrmuschel**. Sie sammelt Laute und leitet sie ins **Innenohr** weiter.

- Die Laute bringen das Trommelfell zum Schwingen. Die Schwingungen werden zu winzigen Knochen weitergeleitet, den Gehörknöchelchen („Hammer", „Amboß" und „Steigbügel").

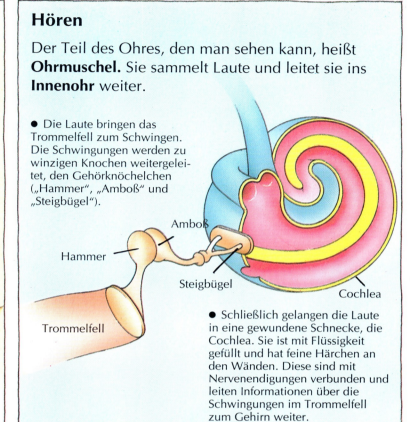

- Schließlich gelangen die Laute in eine gewundene Schnecke, die Cochlea. Sie ist mit Flüssigkeit gefüllt und hat feine Härchen an den Wänden. Diese sind mit Nervenendigungen verbunden und leiten Informationen über die Schwingungen im Trommelfell zum Gehirn weiter.

Riechen und Fühlen

In der Nase sind Nervenendigungen, die Gerüche aufnehmen und die Informationen zum Gehirn leiten. Auf der **Zunge** sind besondere Zellen, die **Geschmacksknospen.** Sie nehmen Geschmack auf und leiten die Informationen zum Gehirn weiter.

- Winzige Geruchsmoleküle fliegen durch die Luft und gelangen in die Nasenhöhle.

Vergrößerte Geschmacksknospe

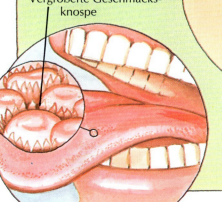

- Geschmacksknospen können vier grundsätzliche Geschmacksrichtungen unterscheiden: süß, sauer, bitter und salzig.

Fühlen

Die Haut ist voll von Nervenendigungen, die das Gehirn mit Informationen über **Gefühle** und **Berührungen** versorgen. Die unterschiedlichen Nervenendigungen können verschiedene Arten von Fühlen unterscheiden.

- Auf einem pfenniggroßen Hautstück liegen mindestens 35 Nervenendigungen, außerdem über 3 Millionen Zellen, 1 Meter Blutgefäße und viele kleine Zellen – die Drüsen, die Schweiß und Fett abgeben.

Neues Leben

Unser Körper besteht hauptsächlich aus: Fett: soviel wie 7 Stücke Seife

Jedes neue Leben entsteht aus einer einzigen **Zelle**. Damit die Zelle sich bilden kann, muß eine männliche **Spermie** in eine weibliche **Eizelle** eindringen. Die Zelle wächst dann und teilt sich in neue Zellen. Diese teilen sich wieder. So bilden sich nach und nach Millionen von neuen Zellen – ein neuer Mensch entwickelt sich. Neues Leben entsteht also durch **Vermehrung**.

Das ganze Leben lang wachsen und verändern sich die Menschen. Niemals sind zwei Personen in Aussehen oder Charakter vollkommen gleich. Doch alle durchlaufen dieselben Entwicklungsstufen.

Wie ein Baby geboren wird

Wenn eine Spermie in eine Eizelle eindringt, wird sie **befruchtet**.

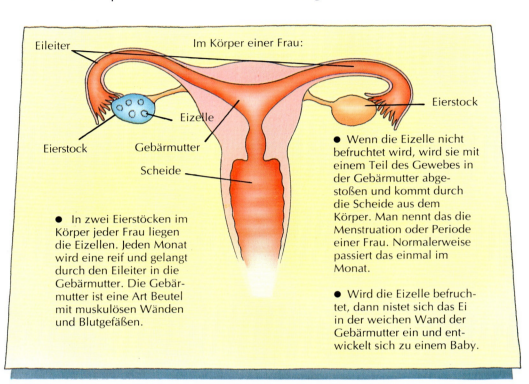

Im Körper einer Frau: Eileiter, Eizelle, Eierstock, Gebärmutter, Scheide, Eierstock

- In zwei Eierstöcken im Körper jeder Frau liegen die Eizellen. Jeden Monat wird eine reif und gelangt durch den Eileiter in die Gebärmutter. Die Gebärmutter ist eine Art Beutel mit muskulösen Wänden und Blutgefäßen.

- Wenn die Eizelle nicht befruchtet wird, wird sie mit einem Teil des Gewebes in der Gebärmutter abgestoßen und kommt durch die Scheide aus dem Körper. Man nennt das die Menstruation oder Periode einer Frau. Normalerweise passiert das einmal im Monat.

- Wird die Eizelle befruchtet, dann nistet sich das Ei in der weichen Wand der Gebärmutter ein und entwickelt sich zu einem Baby.

Unglaublich, aber wahr

- Kinder wachsen im Frühling und Sommer schneller als im Winter.

- Frauen leben durchschnittlich länger als Männer.

- Wenn du immer noch so schnell wachsen würdest wie als Baby im Mutterleib, wärest du mit 10 Jahren schon 16 Meter lang.

- Die meisten Babys, die eine Mutter jemals auf einmal bekam, waren Zehnlinge.

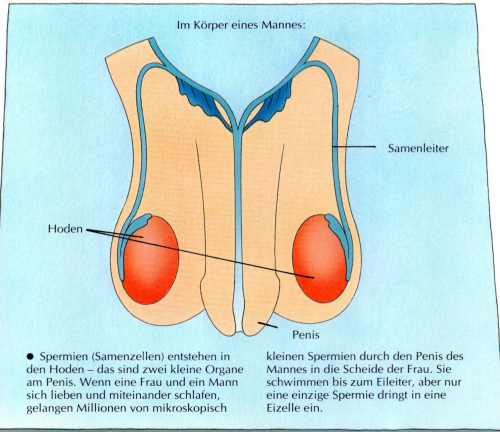

Im Körper eines Mannes: Samenleiter, Hoden, Penis

- Spermien (Samenzellen) entstehen in den Hoden – das sind zwei kleine Organe am Penis. Wenn eine Frau und ein Mann sich lieben und miteinander schlafen, gelangen Millionen von mikroskopisch kleinen Spermien durch den Penis des Mannes in die Scheide der Frau. Sie schwimmen bis zum Eileiter, aber nur eine einzige Spermie dringt in eine Eizelle ein.

| Eisen: soviel wie ein 2,5 cm langer Nagel | Kohlenstoff: soviel wie in 9 000 Bleistiften | Wasser: Zwei Drittel des Körpers bestehen aus Wasser (beim Erwachsenen etwa 45 l). |

Wie das Baby wächst

Von der **Befruchtung** bis zur **Geburt** eines Kindes vergehen etwa 38 Wochen. Dies sind einige Stadien, die es dabei durchläuft:

● Nach 6 Wochen ist das Baby noch winzig, nur etwa 2,4 cm lang. Das Nervensystem beginnt sich zu entwickeln, ebenso das Herz, der Verdauungstrakt und die Sinnesorgane.

● Nach 12 Wochen ist das Baby zwischen 6,25 und 7,5 cm groß. Es liegt in einer mit Flüssigkeit gefüllten Blase und ist durch die Nabelschnur mit seiner Mutter verbunden. Diese Nabelschnur ist mit der Plazenta („Mutterkuchen") verbunden. Durch sie gelangen Blut und Sauerstoff zwischen Mutter und Kind hin und her.

● Nach 28 Wochen ist das Baby zwischen 30 und 36 cm lang und wiegt etwa 900 Gramm. Es hat sich eine wachsartige Schicht auf seiner Haut gebildet, damit diese durch die Flüssigkeit in der Fruchtblase nicht ausgetrocknet wird.

● Nach etwa 38 Wochen kommt das Baby auf die Welt. Es ist dann etwa 50 cm lang und wiegt zwischen 3 und 5 kg.

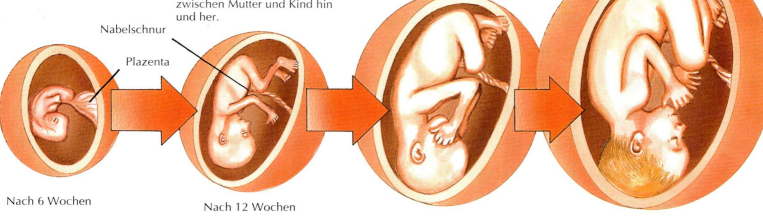

Nach 6 Wochen · Nach 12 Wochen · Nach 28 Wochen · Nach 38 Wochen

Erwachsen werden

Aus Kindern werden Jugendliche und schließlich Erwachsene. Die frühe Zeit des Erwachsenwerdens, wenn sich der Körper verändert, heißt **Pubertät**. In dieser Zeit – zwischen dem 10. und 15. Lebensjahr – geschieht vieles:

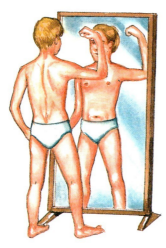

● Mädchen bekommen zum ersten Mal ihre Periode (Menstruation). Ihre Brüste wachsen, sie bekommen breitere Hüften und Körperhaare.

● In den Hoden der Jungen entstehen Spermien. Die Jungen bekommen Barthaare und haben einen Stimmbruch, bei dem die Stimme tiefer wird. Ihre Schultern und der Brustkorb werden breiter.

Alt werden

Sobald man erwachsen ist, beginnt der Körper sehr langsam alt zu werden und sich zu verbrauchen.

● Wenn eine Frau älter wird, geben die Eierstöcke keine Eizellen mehr ab. Die Menstruation hört auf, sie können keine Babys mehr bekommen. Diese Zeit der Wechseljahre beginnt bei den meisten Frauen Ende 40 bis Anfang 50.

● Wenn man alt ist, sind die Knochen nicht mehr so stabil. Die Haut bekommt Falten. Das Haar wird oft grau oder weiß und dünner, Männer bekommen manchmal eine Glatze. Muskeln, Augen und Ohren werden manchmal schwächer.

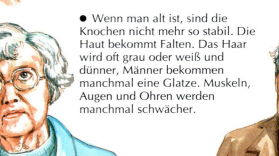

Miteinander leben

Auf der Welt gibt es die unterschiedlichsten Hochzeitsbräuche:  Indien: Hindu-Bräute bemalen sich Hände und Füße mit roten Mustern.

Die meisten Menschen leben in kleinen Gruppen zusammen – in **Familien** mit Eltern, Kindern und manchmal mit weiteren Verwandten. In einer Familie kümmert sich jeder um den anderen. Die Jüngeren können sich um alte oder kranke Familienmitglieder kümmern. Kinder sind hier gut aufgehoben, bis sie selbst für sich sorgen können.

Nicht alle Familien sind gleich. Hier siehst du, wie die Menschen überall auf der Welt miteinander leben.

Familien

Es gibt verschiedene Arten von Familien. Heute sind zwar Kleinfamilien am häufigsten, aber es gibt noch einige andere Möglichkeiten.

● Eine Kleinfamilie besteht aus Vater, Mutter und einem oder mehreren Kindern, die zusammenleben.

● In einer Großfamilie leben Eltern, Kinder, Großeltern und oft noch weitere Verwandte zusammen.

● Manchmal lebt auch nur ein Elternteil mit einem oder mehreren Kindern zusammen.

● In einer Kommune leben mehrere Personen, die meist nicht verwandt sind, wie eine Familie zusammen.

● Stamm oder Sippe: Mehrere Familien leben in einer Gruppe zusammen.

Unglaublich...

● Schon die alten Römer kannten Eheringe.

● Ein Amerikaner namens Glynn Wolfe war schon 27mal verheiratet!

● Bei den Wikingern wurden Kinder von ihren Eltern immer in die Obhut anderer Familien gegeben.

● In Südkorea wurden bei einer Massenhochzeit 1988 gleichzeitig 6516 Paare verheiratet.

 **Griechenland:** Die Gäste stecken Geldscheine ans Brautkleid.

 **Afrika:** Die Familie der Braut bekommt Vieh geschenkt.

 **England:** Die Braut bekommt Hufeisen als Glücksbringer geschenkt.

Hochzeit

In einer Ehe beschließen ein Mann und eine Frau, daß sie zusammenleben wollen. Die **Hochzeit** ist in vielen Religionen ein wichtiger Tag und wird mit einem großen Fest gefeiert.

- In den meisten Teilen Europas, Amerikas und Australiens kann jeder frei entscheiden, wen er heiraten möchte.

- In den meisten Ländern lebt in einer Ehe nur ein Mann mit einer Frau zusammen. Diese Art der Ehe heißt Monogamie.

- In einigen Ländern dagegen kann ein Mann mehrere Frauen haben. Diese Form der Ehe heißt Polygamie.

- Es gibt auch „Ehen ohne Trauschein", sogenannte „wilde Ehen": Ein Mann und eine Frau leben zusammen, ohne vor dem Gesetz oder der Kirche verheiratet zu sein.

- Manche Ehepaare merken mit der Zeit, daß sie nicht glücklich miteinander sind. In vielen Kulturen ist dann eine Scheidung oder Auflösung der Ehe möglich.

- In manchen Kulturen – zum Beispiel in Indien oder im Nahen Osten – wählen die Eltern Ehepartner für ihre Kinder aus.

Kinder bekommen

Bei den verschiedenen Kulturen gibt es unterschiedliche Bräuche, wenn ein Kind geboren wird:

- Bei den Mbuti im afrikanischen Urwald wird dem Baby kurz nach der Geburt eine Urwaldpflanze um die Taille geschlungen. Dann binden sie ein Holzstückchen daran, damit die Kraft des Urwaldes auf das Baby übergeht.

- Die Ainu-Jäger im nördlichen Japan ritzen den Schenkel des Babys etwas ein. Sie verbinden den Schnitt mit Pilzen. Dadurch soll die magische Kraft der heiligen Bäume auf das Kind übergehen.

- Der Stamm der Nootka an der Nordwestküste Nordamerikas glaubt, daß Zwillinge magische Kräfte hätten. Wenn Zwillinge geboren werden, muß die Familie für vier Jahre getrennt von den anderen leben, damit diese Kräfte sich entwickeln können.

- In vielen Kulturen wird die Geburt eines Kindes mit einer religiösen Zeremonie gefeiert. Christliche Babys werden getauft. Mit Weihwasser wird ihnen ein Kreuz auf die Stirn gemalt.

Verschiedene Sprachen

Wissenswertes über verschiedene Sprachen:

Die von den meisten Menschen gesprochene Sprache ist Mandarin-Chinesisch (715 Millionen).

Zwar können sich viele Tiere durch Laute miteinander verständigen, doch nur die Menschen haben eine richtige **Sprache,** mit der sie auch ihre Ideen und Gefühle ausdrücken können.

Heute gibt es auf der Welt etwa 5 000 Sprachen. Viele davon werden nur von kleinen Gruppen gesprochen. Die meisten Sprachen haben mehrere Varianten oder **Dialekte,** die nur in bestimmten Gegenden vorkommen.

Eine Sprache lernen

Die meisten Kleinkinder lernen die Sprache, die in ihrer Familie gesprochen wird, sehr leicht.

● Babys lernen, indem sie auf die Stimmen in ihrer Umgebung achten. Sie versuchen Laute und Wörter nachzuahmen.

● Mit zwei Jahren können die meisten Kinder bereits ein paar hundert Wörter benutzen.

● Kinder, in deren Umgebung zwei Sprachen gesprochen werden, lernen beide gleichzeitig. Jemand, der zwei Sprachen beherrscht, ist zweisprachig.

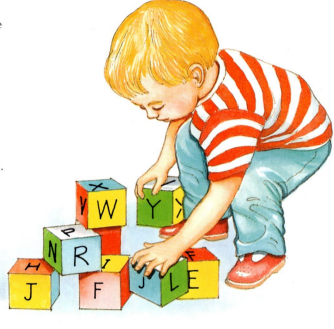

Sprachen

Die Sprachen der Welt werden in Gruppen, die **Sprachfamilien,** unterteilt. Alle Sprachen einer Familie haben sich aus einer ursprünglichen Sprache entwickelt.

● 48% (fast die Hälfte aller Menschen) sprechen eine Sprache aus der Indoeuropäischen Sprachfamilie. Dazu gehören die meisten europäischen Sprachen, einige indische Sprachen und Persisch.

● 23% (fast ein Viertel der Menschheit) verwenden Sprachen aus der chinesischen Sprachfamilie.

mat (Russisch)
mitera (Griechisch)
madre (Spanisch)
Mutter (Deutsch)
mère (Französisch)
mother (Englisch)

● Hier siehst du das Wort „Mutter" in verschiedenen indoeuropäischen Sprachen. Sie leiten sich alle von dem Wort „mata" aus dem Sanskrit (einer alten indischen Sprache) ab.

Man hat auch schon versucht, künstliche Sprachen zu schaffen, die jeder versteht. Die bekannteste davon ist **Esperanto,** das seit seiner Entwicklung 1887 mehr als 100 Millionen Menschen erlernt haben.

Die Sprachen ändern sich

Sprachen verändern sich ständig. Manche Wörter werden aus anderen Sprachen übernommen, andere werden für eine neue Idee oder Sache erfunden.

● Diese Wörter hat das Deutsche abgewandelt aus anderen Sprachen übernommen: Moskito (Spanisch), Tee (Chinesisch), Algebra (Arabisch), Shampoo (Hindi), Ski (Norwegisch), Ketchup (Malaiisch), Anorak (Eskimo).

● Viele Wörter werden auch erfunden. Telefon setzt sich zum Beispiel aus zwei griechischen Wörtern zusammen („tele" bedeutet weit, fern; „phoní" bedeutet Stimme).

"Hello!" In den meisten Ländern spricht man Englisch.

 In Afrika werden etwa 1000 verschiedene Sprachen gesprochen.

 Das kambodschanische Alphabet hat die meisten Buchstaben (72).

Die Schrift

Die Schrift wurde erst erfunden, als es die Sprache schon lange gab. Dies sind verschiedene Schriften:

Hieroglyphen (Schrift der alten Ägypter)

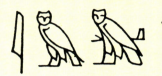

Griechisches Alphabet

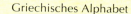

Arabisches Alphabet

ابتثجحخدذرزسشصضطظععغفقكلمنهوىلا
١٢٣٤٥٦٧٨٩٠

Chinesische Schriftzeichen

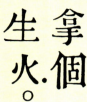

- Zuerst wurde Sprache in einfachen Symbolen aufgemalt, die jeweils ein Wort bedeuteten.

- Die frühesten bekannten Symbole wurden etwa 3500 v. Chr. von den alten Persern verwendet. Die alten Ägypter benutzten um 3000 v. Chr. erstmals Schriftsymbole, die Hieroglyphen.

- Die meisten modernen Sprachen haben Buchstaben und ein Alphabet. Die Wörter werden buchstabiert. Jeder Buchstabe steht für einen Laut.

- Die Phönizier, die am Mittelmeer lebten, erfanden um 1000 v. Chr. das erste Alphabet.

- Chinesisch ist heute die einzige wichtige Sprache, die kein Alphabet hat. Statt dessen gibt es etwa 50 000 chinesische Schriftzeichen.

- Manche chinesischen Wörter bestehen nur aus einem Symbol, andere werden aus mehreren Zeichen zusammengesetzt.

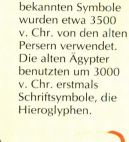

Unglaublich, aber wahr

- Das O ist der älteste Buchstabe in unserem Alphabet. Es hat sich seit 1300 v. Chr. nicht verändert.

- Die Insel Neuguinea hat etwa 500 Sprachen – etwa 10% aller Sprachen auf der Welt.

- Den Sprachrekord hält jemand, der 28 Sprachen beherrscht.

- Das komplizierteste chinesische Schriftzeichen setzt sich aus 64 Pinselstrichen zusammen und bedeutet „geschwätzig".

Sprechen ohne Worte

Gesten der Arme, der Hände, des Kopfes und des Körpers oder die Mimik (Gesichtsausdruck) können Gefühle und Gedanken oft genauso klar ausdrücken wie Worte. Wir nennen das **Körpersprache**.

- Wenn jemand nervös ist, kann er die Hände nicht ruhig halten.

- Die Entfernung zwischen zwei Gesprächspartnern ist wichtig. Wenn einer zu nah steht, kann sich der andere bedroht fühlen und geht zurück.

- Die Körpersprache ist in einzelnen Ländern unterschiedlich. Jemandem direkt in die Augen zu sehen, ist zum Beispiel in manchen Ländern ein Zeichen von Aufrichtigkeit und Ehrlichkeit. In anderen dagegen wird es als unhöflich empfunden.

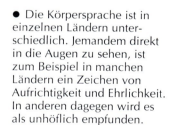

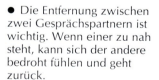

Unsere Nahrung

Was man sonst noch essen kann:  Afrika: Heuschrecken, Maden und Ameisen

Ohne zu essen könnte niemand leben. Durch die Nahrung erhält unser Körper Energie und kann arbeiten.

Um gesund zu bleiben, brauchen wir eine **ausgewogene Ernährung**: eine gute Mischung aus verschiedenen Nahrungsmitteln. Leider haben heute sehr viele Menschen auf der Welt nicht genug zu essen und müssen hungern.

Mahlzeit mit Fleisch

Vegetarisches Gericht

Wir kennen tierische und pflanzliche Nahrungsmittel. Menschen sind biologisch gesehen „Allesfresser", sie können also von Fleisch und Pflanzen leben. Manche Leute essen aber überhaupt kein Fleisch. Sie sind **Vegetarier.**

Pflanzliche Nahrung

Pflanzen, die in einem bestimmten Teil der Welt gut wachsen, liefern **Grundnahrungsmittel** für diese Region. Dies sind verschiedene Grundnahrungsmittel und ihre Anbaugebiete:

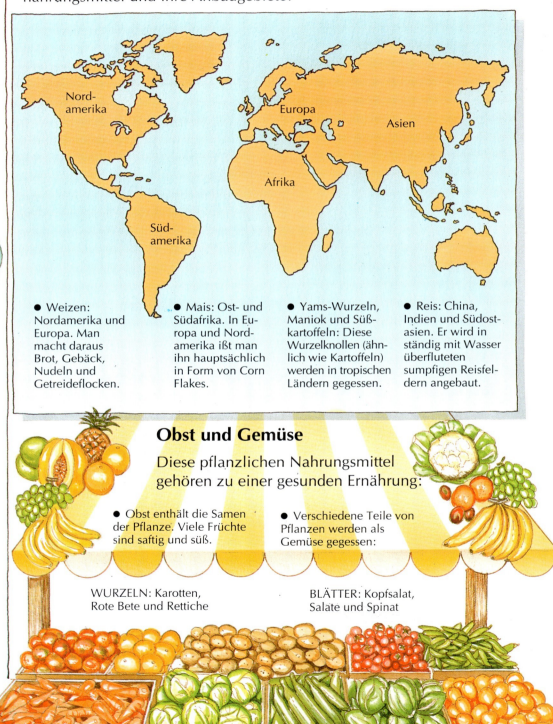

- Weizen: Nordamerika und Europa. Man macht daraus Brot, Gebäck, Nudeln und Getreideflocken.
- Mais: Ost- und Südafrika. In Europa und Nordamerika ißt man ihn hauptsächlich in Form von Corn Flakes.
- Yams-Wurzeln, Maniok und Süßkartoffeln: Diese Wurzelknollen (ähnlich wie Kartoffeln) werden in tropischen Ländern gegessen.
- Reis: China, Indien und Südostasien. Er wird in ständig mit Wasser überfluteten sumpfigen Reisfeldern angebaut.

Obst und Gemüse

Diese pflanzlichen Nahrungsmittel gehören zu einer gesunden Ernährung:

- Obst enthält die Samen der Pflanze. Viele Früchte sind saftig und süß.
- Verschiedene Teile von Pflanzen werden als Gemüse gegessen:

WURZELN: Karotten, Rote Bete und Rettiche

BLÄTTER: Kopfsalat, Salate und Spinat

STENGEL (Knollen): Sellerie und Spargel

KNOSPEN: Kohl und Rosenkohl

SAMEN: Erbsen, Bohnen und Mais

BLÜTEN: Brokkoli und Blumenkohl

 China: „Vogelnestsuppe"

 Naher Osten: Kamelhöcker und Schafsaugen

 Mittel- und Südamerika: Alligator

Woraus die Nahrung besteht

Unsere Nahrung enthält **Nährstoffe**, die der Körper braucht, um gesund zu bleiben. Hier siehst du die wichtigsten Nährstoffe, was sie bewirken und worin sie enthalten sind:

Nährstoffe	Was sie bewirken	Enthalten in
Proteine	Helfen den Körperzellen wachsen und Verletzungen heilen	Fleisch, Fisch, Käse, Eier, Bohnen
Kohlenhydrate	Liefern Energie	Brot, Kartoffeln, Nudeln, Reis, Mehl, Zucker
Fette	Bauen Körperzellen auf und liefern Energie	Milch, Käse, Fette, Butter, fetter Fisch, Nüsse
Vitamine	Halten den Körper gesund	Es gibt etwa 20 Vitamine in den unterschiedlichsten Nahrungsmitteln. Vitamin C findet man zum Beispiel in Obst und Gemüse.
Mineralstoffe	Unsere Nahrung enthält Mineralstoffe Kalzium (für Knochenaufbau und gesunde Zähne) und Eisen (für gesundes Blut).	Käse, Milch (Kalzium), Leber, Vollkornbrot (Eisen)

Unglaublich, aber wahr

● Die längste jemals hergestellte Wurst war 21 km lang das ist 44mal die Länge des höchsten Gebäudes der Welt.

● Schaschlik (auf Spießen gegrilltes Fleisch) wurde von türkischen Soldaten erfunden, die ihr Fleisch einfach auf das Schwert spießten und ins offene Feuer hielten.

● Die ersten „Teller" waren Fladenbrote, die man während der Mahlzeit gleich mit verspeiste.

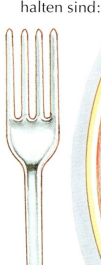

Essen kochen

Die Urmenschen aßen alles roh. Erst vor etwa 500 000 Jahren lernten sie, auf dem Feuer zu kochen. Das Kochen verändert die Nahrung:

● Es macht zähe, feste Nahrung weicher. Man kann sie besser essen und verdauen. Wenn man mehrere Sachen zusammen kocht, entsteht ein neuer Geschmack.

● Es verlängert die Haltbarkeit von Nahrungsmitteln. Kochen zerstört aber auch wertvolle Inhaltsstoffe. Obst und Gemüse ißt man daher am besten roh.

Unsere Kleidung

Traditionelle Kleidung in verschiedenen Ländern: Brasilien: ein Karnevalskostüm

Wir Menschen sind die einzigen Wesen, die Kleidung tragen. Wir brauchen das, weil wir im Gegensatz zu den meisten Tieren weder Federn noch einen Pelz haben, um uns schützen zu können.

Die ersten Menschen trugen, um sich zu schützen, einfache Kleidung aus Tierhäuten und Fellen. Mit der Zeit entwickelte sich die Kleidung zu einem Statussymbol.

An der Art, wie sich ein Mensch kleidet, kann man manchmal erkennen, woher er kommt oder welchen Beruf er ausübt.

Kleider anfertigen

In den letzten paar tausend Jahren haben die Menschen auch Werkzeuge zum Kleidermachen erfunden. Außerdem haben sie gelernt, die verschiedensten Stoffe herzustellen.

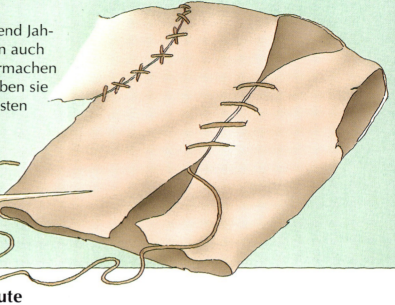

- Die ersten Nadeln waren aus Knochen. Sie wurden vor etwa 40 000 Jahren
- Die ersten Fäden zum Nähen waren schmale Lederstreifen.

Kleider machen Leute

Manche Kleider verraten, welchen Beruf jemand ausübt oder zu welcher Gruppe er gehört:

- Macht und Reichtum zur Schau stellen: Herrscher und Könige tragen manchmal lange Schleppen und Kronen, um ihre Macht zu zeigen.

- Schutzkleidung: Astronauten, Feuerwehr und Ärzte tragen spezielle Schutzkleidung.

- Gruppenzugehörigkeit zeigen: Die Mannschaften beim Sport sind unterschiedlich gekleidet. Sogar die Fans tragen die Farben ihrer Mannschaft.

- Autorität zeigen: Die Polizei, Soldaten, Piloten, Kapitäne und viele andere Berufsstände tragen Uniformen.

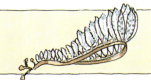 Nordamerika: Kopfschmuck eines Indianers

 Hawaii: Röckchen aus Gras und Blumen

 Afrika: festlicher Schmuck

- Die wattigen Baumwollfasern der Baumwollpflanze werden versponnen und gewebt. Daraus entsteht Baumwollstoff, den es bereits seit etwa 5000 Jahren gibt.

- Die Chinesen stellen schon seit etwa 4000 Jahren Seide her. Sie wickeln die Kokons der verpuppten Seidenraupen auf, verspinnen und weben die dünnen Fäden zu feinen Stoffen.

- Die ersten Nähmaschinen wurden um 1850 hergestellt.

- Wolle entsteht durch Verspinnen der Rohwolle von geschorenen Schafen. Früher benutzte man dazu Spinnräder.

Unglaublich, aber wahr

- Die größten jemals verkauften Schuhe hatten Größe 69 (die normale Obergrenze ist 52).

- Die ältesten Stoffe, die Archäologen gefunden haben, wurden schon etwa 5900 v. Chr. hergestellt (in der heutigen Türkei).

- Jeder der von den amerikanischen Astronauten im Weltall getragenen Raumanzüge kostet über 3,5 Millionen Dollar.

Mode

Einen bestimmten Kleidungsstil, der von vielen Menschen bevorzugt wird, nennt man **Mode**. Dies sind europäische Moden aus verschiedenen Jahrhunderten:

- Vor 700 Jahren trugen Männer und Frauen lange Mäntel oder Roben.

- Vor 500 Jahren waren bei den Männern Puffärmel und kurze, rockartige Hosen modern.

- Erst ab etwa 1830 trugen Männer lange Hosen. Bei Frauen wurden Hosen erst um 1940 üblich.

- Heute kleiden sich Jungen und Mädchen oft sehr ähnlich. Hosen, T-Shirts und Trainingshosen sind in vielen Ländern „in".

 1300

 1500

 1850

 1993

Das Klima

Die Kleidung soll uns je nach dem Klima, in dem wir leben, Schutz vor Wärme oder Kälte bieten:

- In den eiskalten arktischen Regionen von Kanada und Grönland tragen die Leute dick gefütterte, mehrlagige Kleidung, um sich warm zu halten.

- In sehr heißen Ländern dagegen trägt man oft lange weiße Umhänge, um vor der Sonne geschützt zu sein.

Unsere Wohnungen

Ungewöhnliche Wohnungen:  Syrien: Bienenkorb-förmige Lehmhütten

Die Menschen brauchen Behausungen, in denen sie essen und schlafen können und vor dem Wetter geschützt sind. Die meisten Häuser und Hütten werden aus Baustoffen gemacht, die in der Umgebung in großen Mengen vorkommen. Sie sind auf das **Klima** der Region abgestimmt.

In manchen Ländern bauen die Menschen ihre Häuser selbst. In anderen werden sie von Architekten entworfen und von Baufirmen errichtet.

Größen und Formen

Dies sind traditionelle Hausformen aus verschiedenen Ländern. Sie sind an das Klima angepaßt und aus örtlich vorkommenden Materialien.

- Island: Mit Erde und einer Grasschicht bedeckte Dächer halten die Wärme im Hausinneren.

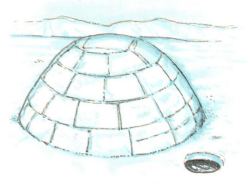

- Arktis: Die Inuit (Eskimos) bauen ihre Wohnungen aus Schneeblöcken. Sie heißen Iglus.

Bewegliche Häuser

Nomaden sind Menschen, die keine festen Häuser haben. Sie ziehen auf der Suche nach Arbeit oder Weideplätzen für ihre Herden umher.

Unglaublich, aber wahr

- Der größte Palast der Welt hat 1788 Räume. Er wurde für den Sultan von Brunei errichtet.

- Toiletten gibt es in den meisten Häusern erst seit Mitte des 19. Jahrhunderts.

- Das höchste Wohngebäude der Welt ist der Metropolitan Tower in New York. In den oberen 48 Stockwerken sind Wohnungen, in den 30 Etagen darunter Büros.

 **Naher Osten: Felsenhäuser**

 **Hong Kong: Hausboote im Hafen**

 **Kalifornien: Haus mit Sonnenkollektoren**

● Südamerika: Die Queche-Indianer bauen ihre Hütten aus Lehmziegeln mit Dächern aus einer dicken Schicht Pampasgras.

● Im Mittelmeerraum: Viele Häuser sind weiß gestrichen, um die Sonne zu reflektieren. Die meisten haben Fensterläden, damit es innen kühl bleibt.

● Schweiz: Die Häuser haben lange, schräge Dächer, damit der Schnee im Winter seitlich abrutschen kann.

● Asien: In Sumpfgebieten stehen die Hütten auf Holzpfählen, damit sie vor Fluten und wilden Tieren geschützt sind.

● Großstädte: Bauplätze sind rar und teuer, so daß die Gebäude viele Stockwerke hoch sind. Viele Familien leben in einem solchen Haus zusammen.

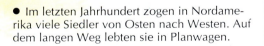

● Im letzten Jahrhundert zogen in Nordamerika viele Siedler von Osten nach Westen. Auf dem langen Weg lebten sie in Planwagen.

● In der Sahara leben Nomaden in Stoffzelten. Die Stoffe weben sie aus Ziegenhaar. Die Seiten können aufgerollt werden, damit Luft durchziehen kann.

● Im Iran leben manche Stämme in runden Zelten aus Holz und Filz.

● In Sibirien leben manche Nomaden in Zelten aus Walroß-Leder.

Wie man früher wohnte

Häuser aus früheren Zeiten:

Rundhütte

● Prähistorische Rundhütte (Europa, 3000 v. Chr.)

Römische Villa

● Römische Villa, um einen Innenhof errichtet (Europa, vor etwa 2000 Jahren)

● Fachwerkhäuser in Mitteleuropa (seit etwa 500 Jahren)

Fachwerkhäuser

Religionen

Viele Religionen haben besondere Gebäude, in denen gebetet wird:

Christen: Kirche

Religionen entstehen aus einem bestimmten Glauben. Die Gläubigen beten einen Gott oder mehrere Götter an und befolgen vorgegebene Verhaltensregeln. Meist gibt es auch bestimmte religiöse **Zeremonien** und Plätze zum Beten.

Schon vor Jahrtausenden entwickelten sich Religionen. Die Menschen glaubten früher, Naturereignisse wie Stürme würden von Göttern gemacht. Sie dachten sich Sonnen-, Mond- und Erdgötter aus. Zu ihnen beteten sie um gute Ernte oder Jagderfolg. Heute glauben Millionen von Menschen an eine der großen Weltreligionen.

Die Weltreligionen

Die wichtigsten Weltreligionen sind:

● Das Christentum: gegründet von Jesus Christus, dessen Geburt vor fast 2 000 Jahren den Beginn des christlichen Kalenders bildet. Die Christen glauben an einen Gott. Als Jesus Christus kam Gott in Menschenform auf die Erde. Das heilige Buch der Christen ist die Bibel.

● Der Hinduismus: entwickelte sich vor gut 2 500 Jahren in Indien. Es gibt viele Götter, von denen Brahma der wichtigste ist. Die Hindus glauben an die Wiedergeburt, das heißt, die Menschen kommen immer wieder in anderer Gestalt auf die Erde. In jedem neuen Leben werden sie für die guten/schlechten Taten in ihrem vorherigen Leben belohnt/bestraft.

● Der Shintoismus: eine japanische Religion. Die Anhänger glauben, daß in allen lebendigen Dingen Geister wohnen. Sie beten an heiligen Orten, den sogenannten Schreinen.

Ein christlicher Bischof

Unglaublich, aber wahr

● Archäologen haben herausgefunden, daß manche Höhlen in Europa wahrscheinlich schon vor über 14 000 Jahren für religiöse Zeremonien benutzt wurden.

● Der größte Tempel der Welt ist Angkor Wat in Kambodscha. Er ist über 1000 Jahre alt.

● Die größte Versammlung aller Zeiten war 1989 ein religiöses Fest der Hindus in Indien, zu dem 15 Millionen Menschen kamen.

Heiligtümer

Alle Religionen haben heilige Orte und Kultgegenstände.

● Kopien der Thora, des Heiligen Gesetzes der Juden, sind hebräisch geschriebene Pergamentrollen, die in einem Schrein (einem besonderen Kästchen) aufbewahrt werden.

Jüdische Zeremonie

Peterskirche

● Die Peterskirche im Vatikan in Rom war bis vor kurzem die größte christliche Kirche. Mittlerweile steht die größte Kirche an der afrikanischen Elfenbeinküste. Sie wurde 1989 fertiggestellt.

| Moslems: Moschee | Juden: Synagoge | Hindus und Buddhisten: Tempel |

Ein buddhistischer Priester

- Der Buddhismus wurde vor 2 500 Jahren in Indien von Siddhartha Gautama, genannt Buddha, gegründet. Er versprach den Menschen Erlösung von allen Leiden im ewigen Frieden („Nirwana"), wenn sie nach seinen Regeln lebten.

- Der Islam ist die Religion der Moslems, der Anhänger der Lehre Mohammeds. Der Islam entstand vor etwa 1 400 Jahren in Arabien, als der Prophet Mohammed Botschaften von seinem Gott Allah empfing. Sie wurden im Koran niedergeschrieben. Der Koran ist heute das heilige Buch des Islam.

- Das Judentum ist die Religion der Juden und wurde vor über 4 000 Jahren geschaffen. Die Juden glauben an einen Gott, der sie auserwählt hat, seine Lehren zu befolgen. Sie glauben, daß ein Messias (Erlöser) von Gott auf die Welt geschickt werden wird, um Frieden zu bringen.

Odin

Religionen früher

- Die Wikinger in Skandinavien hatten viele Götter. Der wichtigste davon, Odin, ritt ein achtbeiniges Pferd. Die Götter lebten in einer Art Paradies, das Walhall genannt wurde.

- Die Azteken, die vor etwa 800 Jahren in Mexico lebten, beteten viele Götter an. Sie brachten ihnen Menschenopfer, denen das Herz herausgerissen und dem Gott geopfert wurde.

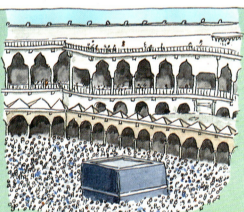

Die Kaaba in Mekka

- Die Kaaba in Mekka in Saudi-Arabien enthält einen heiligen schwarzen Stein. Das ist der heiligste Ort des Islam. Viele tausend Moslems pilgern jedes Jahr zur Kaaba.

- Buddha-Statuen schmücken buddhistische Tempel und Schreine.

Zeus-Statue

- Die alten Griechen hatten viele Götter und Göttinnen, die auf dem Berg Olymp wohnten. Zeus war ihr oberster Gott.

- In vielen Teilen Afrikas und Chinas gibt es auch heute noch die Ahnenverehrung. Die Menschen glauben, daß die Toten sich um die Lebenden kümmern. Sie halten Zeremonien ab, in der Hoffnung, daß ihnen ihre Ahnen dafür Glück bringen.

Regierungsformen

Viele Regierungen wurden durch Revolutionen gestürzt: 1642: Im englischen Bürgerkrieg wurde König Charles I. hingerichtet.

Um friedlich miteinander leben zu können, müssen alle Menschen bestimmte Regeln und **Gesetze** befolgen. Jedes Land hat eine Regierung, die darüber entscheidet, wie das Land geführt wird, und die Gesetze erläßt. Es gibt verschiedene Regierungsformen.

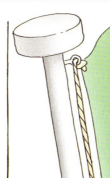

Regierungen verlangen einen Teil des Einkommens von allen Bürgern – die **Steuern.** Damit bauen sie öffentliche Einrichtungen wie Schulen, Krankenhäuser und Straßen.

Demokratie

Die meisten westlichen Länder sind **Demokratien.** Das bedeutet:

- „Herrschaft durch das Volk". Die Menschen wählen Vertreter, die dann die Regierung eines Landes bilden.
- Es gibt mehrere politische Parteien, die man wählen kann.
- Es gibt bestimmte unantastbare Menschenrechte wie das Recht auf freie Meinungsäußerung (auch wenn man die Regierung kritisiert).

Kommunismus

Kommunistische Regierungen gibt es z.B. in China, auf Kuba und in Teilen Afrikas. Im Kommunismus:

- Können die Menschen nur die Mitglieder der Kommunistischen Partei wählen.
- Sind alle Fabriken, Geschäfte und die Landwirtschaft Staatseigentum.
- Gibt es keine Redefreiheit. Niemand darf die Regierung oder ihre Führer kritisieren.

Unglaublich, aber wahr

- Die mittelalterlichen Mönche lebten in einer Gemeinschaft, in der der gesamte Besitz allen zusammen gehörte.

- Neuseeland war das erste Land, in dem auch Frauen wählen durften, und zwar schon 1893.

- Die größte Wahl aller Zeiten gab es 1989 in Indien. Über 304 Millionen Menschen wählten. 3,5 Millionen Wahlhelfer mußten die Stimmzettel einsammeln.

Diktaturen

In einer **Diktatur** herrscht eine Person allein. Niemand darf sich in die Regierungsgeschäfte einmischen, und niemand darf den Diktator kritisieren.

- Die alten Römer übergaben manchmal – in Kriegszeiten – alle Macht an einen Diktator. Dadurch hatten sie in schwierigen Zeiten einen starken Führer. Nach Ende des Krieges sollte auch der Diktator wieder abtreten.
- Moderne Diktatoren waren/sind Hitler (Deutschland), Stalin (UdSSR), Franco (Spanien), Ceauşescu (Rumänien) und Saddam Hussein (Irak).

 **1774:** Im amerikanischen Unabhängigkeitskrieg wurde Amerika von Großbritannien unabhängig.

 **1789:** In der Französischen Revolution wurde der König abgesetzt. Man gründete eine Republik.

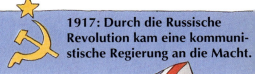 **1917:** Durch die Russische Revolution kam eine kommunistische Regierung an die Macht.

Das Parlament

Das Wort Parlament kommt aus dem Französischen und bedeutet „reden". Im Parlament treffen sich die vom Volk gewählten Politiker und diskutieren Probleme oder beraten, wie sie das Land regieren sollen. Das britische Parlament ist das älteste der Welt:

- Es ist in ein Ober- und ein Unterhaus aufgeteilt. Die Mitglieder des Oberhauses werden nicht gewählt.

- Viele andere Länder haben heute ein Parlament nach dem britischen Vorbild.

- König Edward I. schuf schon 1295 ein Parlament in England. Alle späteren sind diesem nachgebildet.

Das Parlamentsgebäude in London

- In Großbritannien ist der Monarch (König oder Königin) Oberhaupt des Staats. Er hat aber mit der Regierung direkt nichts zu tun. Monarchen erben ihre Titel. Sie werden nicht gewählt. Bei uns repräsentiert statt einem König der Bundespräsident das Land.

Regierung in den USA

Die Vereinigten Staaten von Amerika sind eine **Republik.** Sie werden von einem gewählten Präsidenten regiert. Bei uns regiert der Bundeskanzler.

- Jeder US-Bundesstaat hat eine eigene Regierung. Die Regierung in Washington kontrolliert diese Regierungen nochmals.

- Das Weiße Haus in Washington ist Sitz des Präsidenten der USA.

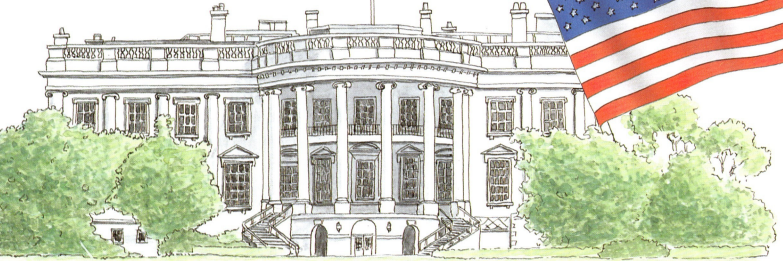

- In einer Wahl entscheiden sich die Menschen für die politische Partei, die ein Land regieren soll. Der Führer der Partei, die gewinnt, wird Präsident bzw. Bundeskanzler.

- Es gibt drei Bereiche der Regierung: Legislative (Gesetzgebung), Exekutive (Ausführung der Gesetze) und Judikative (Rechtsprechung). Diese drei Bereiche kontrollieren sich gegenseitig.

- Die meisten Regierungen haben zwei „Kammern"; bei uns sind das Bundestag und Bundesrat.

Die Künste

Wichtige Daten in der Entwicklung von Film, Fernsehen und Fotografie:

Um 1820 in Frankreich: Joseph Nicéphore Niepce macht das erste Foto.

Die Menschen drücken ihre Gefühle und Gedanken in der **Kunst** aus: Sie schreiben Geschichten und Stücke, malen, musizieren, zeichnen und schaffen Figuren und Skulpturen.

Höhlenzeichnung

Manche Künste sind schon sehr alt. Noch heute können wir Felsenzeichnungen und Ritzzeichnungen der Urmenschen, altgriechische Keramik, Statuen und Gebäude bewundern. Sie zeigen, wie einfallsreich die Menschen schon vor Jahrtausenden waren. Heute gibt es zusätzlich moderne Kunstformen wie Kino, Fernsehen und Fotografie.

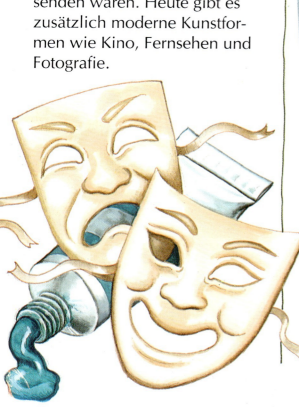

Literatur

Literatur ist die Kunst des Schreibens. Sie umfaßt **Gedichte, Theaterstücke** und **Romane.**

- In frühesten Zeiten wurden Gedichte und Geschichten nur mündlich erzählt, nicht aufgeschrieben. Sie wurden aus dem Gedächtnis von einem Geschichtenerzähler an den nächsten weitergegeben.

- Als immer mehr Menschen Lesen und Schreiben lernten, wurden die Geschichten aufgeschrieben. Anfangs wurden Bücher mit der Hand geschrieben und illustriert. Erst im 15. Jahrhundert wurde das Drucken erfunden.

- Kinderbücher wurden erstmals im 19. Jahrhundert geschrieben. Die „Schweizer Familie Robinson" und „Alice im Wunderland" gehörten zu den ersten Kinderbüchern.

Von links nach rechts: Federkiel, Füller, Schreibmaschine und Computer für Textverarbeitung

Unglaublich, aber wahr

- Verzierte Knochen, die in Deutschland gefunden wurden, sind vielleicht die ältesten Kunstwerke auf der Welt. Sie sind etwa 35 000 Jahre alt.

- 1517 kaufte der französische König Francis I. die „Mona Lisa", um sie in sein Badezimmer zu hängen.

- Das Globe Theatre in London hatte kein Dach. Wenn es regnete, konnten keine Aufführungen stattfinden.

- Die Besucher des Globe Theatre hatten keine besonders guten Manieren. Oft kam es im Theater zu Rangeleien.

Bildende Künste

Zu den bildenden Künsten zählen: Malerei, Grafik und Bildhauerei.

- Die Urmenschen malten Bilder von Tieren und Jägern an die Höhlenwände. Man hat Zeichnungen gefunden, die ungefähr 25 000 Jahre alt sind.

- Eines der berühmtesten Gemälde aller Zeiten ist die „Mona Lisa". Sie wurde von 1503 bis 1507 von Leonardo da Vinci gemalt. Heute ist sie unbezahlbar.

**1894 in Paris:** Erstmals werden bewegliche Bilder auf einer Leinwand vorgeführt.

**1922 in Berlin:** Der erste Tonfilm wird öffentlich vorgeführt.

**1929 in London:** Die ersten Fernseher werden verkauft und die ersten Fernsehprogramme ausgestrahlt.

Theater

Theaterstücke sind Geschichten, die von Schauspielern – meist in Theatern – aufgeführt werden.

● Die alten Griechen spielten in Freiluft-Theatern. Die Schauspieler trugen Masken. Die Stücke handelten von den griechischen Göttern und Helden.

● In Europa wurden vor etwa 500 Jahren biblische Geschichten dargestellt. Die Schauspieler traten in offenen Wagen, mit denen sie von Ort zu Ort ziehen konnten, auf.

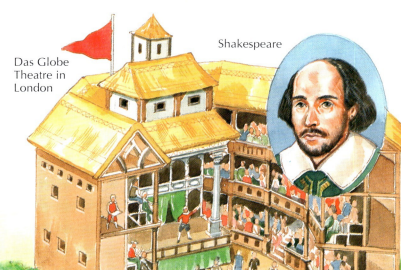

● William Shakespeare, der im 16. Jahrhundert in England lebte, ist einer der berühmtesten Dramatiker (Autor von Theaterstücken). Viele seiner Stücke wurden im Globe Theatre in London aufgeführt.

● Das Globe Theatre war ein rundes Gebäude. Die reicheren Zuschauer saßen rund um die Bühne. Die ärmeren mußten davor stehen. Frauen durften nicht spielen, deshalb übernahmen Jungen die Frauenrollen im Stück.

Musik

Die wichtigsten Gruppen von Musikinstrumenten:

● Schlaginstrumente werden geschlagen oder angetippt, damit sie klingen.

● Manche Saiteninstrumente werden mit einem Bogen gespielt (Streichinstrumente).

● Andere Saiteninstrumente werden mit den Fingern gezupft (Zupfinstrumente).

● Tasteninstrumente haben Tasten, die man mit den Fingern anschlägt. Jede Taste gibt einen anderen Ton.

● In Blasinstrumente bläst man hinein, damit ein Ton entsteht. Dies sind Blechblasinstrumente.

● Manche Blasinstrumente bestehen aus einem Rohr, in das man hineinbläst.

Berühmte Leute

Berühmte Leute aus der Vergangenheit:

Kolumbus (1451-1506): Er endeckte Nordamerika und gewann es für Spanien.

Nur sehr wenige Menschen aus der Geschichte sind so berühmt, daß wir sie noch heute kennen. Manche von ihnen wurden für ihre waghalsigen Unternehmungen oder als Herrscher berühmt. Andere verhalfen den Menschen zu einem besseren Leben. Viele sind wegen ihres aufregenden Lebens berühmt geworden.

Tut-ench-Amun

Tut-ench-Amun war ein **Pharao,** ein Herrscher im alten Ägypten. Er starb 1352 v. Chr. Berühmt wurde er erst 3 000 Jahre nach seinem Tod, als sein Grab mit reichen Goldschätzen, Juwelen und Kunstgegenständen entdeckt wurde.

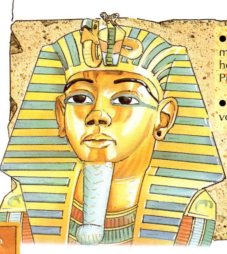

- Tut-ench-Amun wurde mit 11 Jahren Pharao. Er heiratete eine ägyptische Prinzessin.
- Er starb schon im Alter von 18 Jahren.
- 1922 entdeckten Archäologen sein Grab im ägyptischen „Tal der Könige".
- Die Mumie (der konservierte Körper) des Königs lag in einem Sarkophag aus reinem Gold.

Königin Elizabeth I.

Königin Elizabeth I. lebte von 1533 bis 1603. Sie war eine der bedeutendsten englischen Königinnen. Ihr Hof war berühmt für seine Dichter, Maler, Musiker und Dramatiker.

- Elizabeth wurde 1533 als Tochter König Heinrichs VIII. und seiner Frau Anne Boleyn geboren. Als sie noch ein Baby war, ließ ihr Vater ihre Mutter köpfen.

- Als junges Mädchen wurde sie von ihrer Halbschwester Mary zeitweise in den Tower (das Gefängnis von London) gesperrt. Mary fühlte sich von Elizabeth bedroht.

- Nach Marys Tod wurde Elizabeth Königin von England. Sie war damals 25 Jahre alt und regierte 45 Jahre lang.

Heute wird man durch Fernsehen, Kino und Zeitungen schnell auf der ganzen Welt berühmt. Früher war es viel schwieriger, bekannt zu werden. Dies sind berühmte Leute aus der Vergangenheit.

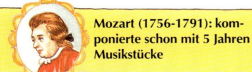 **Mozart (1756-1791):** komponierte schon mit 5 Jahren Musikstücke

 Königin Victoria (1819-1901): populäre und am längsten regierende britische Königin

 Picasso (1881-1973): spanischer Maler, der moderne Kunststile prägte

Napoleon Bonaparte

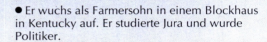

Napoleon lebte von 1769 bis 1821. Er war ein berühmter französischer Führer. Er eroberte große Teile Europas und ließ sich selbst zum Kaiser machen.

- Er wurde auf der Insel Korsika geboren und besuchte eine Militärschule in Paris.
- Er wurde oberster Führer der französischen Armee und gewann viele Schlachten in ganz Europa.
- Er änderte vieles in Frankreich, zum Beispiel Gesetze, Banken und Handel. Er verbesserte das Erziehungssystem und förderte die Künste und Wissenschaften.
- 1804 ernannte er sich selbst zum Kaiser von Frankreich. Seine Frau Josephine wurde Kaiserin.
- Als seine europäischen Feinde Frankreich überfielen, wurde er auf die italienische Insel Elba ins Exil geschickt.
- Er floh von Elba zurück nach Frankreich und sammelte eine Armee um sich. Schließlich wurde er bei Waterloo vernichtend geschlagen.

Abraham Lincoln

Abraham Lincoln lebte von 1809 bis 1865. Er war ein berühmter amerikanischer Politiker von einfacher Herkunft. Er wurde der 16. Präsident der Vereinigten Staaten und führte sein Land durch eine unruhige Zeit.

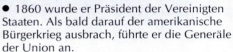

- Er wuchs als Farmersohn in einem Blockhaus in Kentucky auf. Er studierte Jura und wurde Politiker.
- 1860 wurde er Präsident der Vereinigten Staaten. Als bald darauf der amerikanische Bürgerkrieg ausbrach, führte er die Generäle der Union an.
- Er bemühte sich, durch neue Gesetze das Leben für alle Amerikaner zu verbessern. Insbesondere schaffte er die Sklaverei in Nordamerika ab.
- Gegen Ende des Bürgerkriegs wurde er im Theater von einem politischen Gegner erschossen.

Unglaublich, aber wahr

- Die alten Ägypter mumifizierten nicht nur ihre Könige, sondern auch Tiere wie Katzen, Hunde und Krokodile.
- Kartoffeln und Tabak waren in Europa früher unbekannt. Sie wurden von Sir Walter Raleigh zur Regierungszeit Elizabeths I. aus Nordamerika nach Europa gebracht.
- Abraham Lincoln ging nicht einmal ein Jahr zur Schule – er brachte sich das Lesen und Schreiben selbst bei.

Gandhi

Gandhi war eine wichtige indische Persönlichkeit. Er lebte von 1869 bis 1948. Sein Leben lang trat er für Frieden und Gerechtigkeit auf der Welt ein. Seine Ideen und sein Mut wurden in vielen Ländern bewundert.

- Er wurde in Indien geboren und ging mit 19 Jahren nach London, um Jura zu studieren.
- Als Rechtsanwalt in Südafrika und Indien half er den Armen und Leidenden. Er versuchte ungerechte Gesetze zu ändern.
- Viele Inder nannten ihn „Mahatma" (die „große Seele").
- Er führte die Inder in ihrem Unabhängigkeitskampf gegen die Briten.
- Gandhi glaubte an eine gewaltfreie Lösung der Probleme der Welt. Um seine Ideen zu unterstützen, trat er manchmal in lebensbedrohliche Hungerstreiks.
- Kurz nachdem Indien unabhängig geworden war, wurde er bei einer Gebetsversammlung im Freien erschossen.

Erfindungen

Geräte zur Zeitmessung:

2000 v. Chr.: eine ägyptische Sonnenuhr

Vor mehr als 2 Millionen Jahren lernten die Menschen einfache Steinwerkzeuge zu gebrauchen. Seitdem haben sich immer mehr Wissen und Fähigkeiten entwickelt. Neue Erfindungen haben das Leben auf der Erde immer wieder verändert.

Besonders im 20. Jahrhundert gab es viele Erfindungen. Die Menschen vor 100 Jahren wären sprachlos vor Staunen, wenn sie sehen könnten, daß man heute innerhalb von Sekunden Nachrichten um die ganze Welt schickt, viele Krankheiten heilen kann und daß sogar Menschen auf dem Mond waren.

Transportmittel

Bis vor 200 Jahren waren Reisen langsam, kompliziert und unbequem. Seitdem hat es viele Veränderungen gegeben.

● Spätes 18. Jahrhundert: Man baute bessere Straßen, so daß mehr Leute in Pferdekutschen reisen konnten.

● 1783, Frankreich: Der erste Heißluftballon beförderte Passagiere.

● 1803, England: Richard Trevithick baute die erste Dampflokomotive zum Ziehen von Wagen.

● 1825, Großbritannien: Der erste öffentliche Dampflok-Zug beförderte Passagiere.

● 1885, Deutschland: Das erste benzinbetriebene Auto war unterwegs.

● 1903, USA: Orville und Wilbur Wright konstruierten Flyer 1, das erste Motorflugzeug.

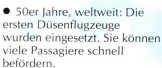

● 50er Jahre, weltweit: Die ersten Düsenflugzeuge wurden eingesetzt. Sie können viele Passagiere schnell befördern.

 1300: eine mechanische Uhr 1929: Quarzuhren  1969: Atomuhr mit einer Ungenauigkeit von einer Sekunde in 1 700 000 Jahren.

Nachrichtenübermittlung

Wenn man Ideen leicht übermitteln kann, verbreiten sie sich schnell. Dies sind wichtige Entwicklungsstufen bei der Nachrichtenübermittlung:

- Papier: Etwa 3500 v. Chr. erfanden die Ägypter eine Art Papier, den Papyrus. Er wurde aus Sumpfpflanzen hergestellt. Die Chinesen entwickelten vor fast 2000 Jahren unser modernes Papier.

- Druck: 1450 erfand Johannes Gutenberg aus Deutschland den Buchdruck mit beweglichen Lettern. Vorher schrieb man Bücher mit der Hand.

- Telefon: 1876 entwickelte Alexander Graham Bell das erste funktionstüchtige Telefon. Erstmals konnten Menschen über große Entfernungen hinweg miteinander sprechen.

- Radio: 1894 experimentierte Guglielmo Marconi mit Radiowellen. Es gelang ihm, Nachrichten und Mitteilungen drahtlos zu übertragen.

- Satelliten: 1957 wurde von der damaligen Sowjetunion der erste Satellit ins All geschickt. Satelliten übertragen heute Telefon- und Fernsehsignale auf der ganzen Welt.

Ein modernes Telefon

Bells Telefon

Unglaublich, aber wahr

- Der Abakus, eine mechanische Rechenmaschine mit verschiebbaren Perlen, kam vor 5000 Jahren auf. Noch heute wird er in einigen Teilen Asiens verwendet.

- 1909 war der Fluggeschwindigkeits-Rekord 54,7 km/h. 1976 war er um das Vierzigfache angestiegen – auf 2193 km/h.

- Der längste Güterzug, der jemals fuhr, war 6,4 km lang. Er hatte 6 Lokomotiven und 500 Waggons.

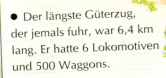

Medizin

Wichtige Neuerungen und Entdeckungen in der modernen Medizin:

- 1796: Edward Jenner stellte den ersten Impfstoff her (eine winzige Menge Krankheitserreger). Wenn man ihn in den Körper spritzte, war man vor der betreffenden Krankheit geschützt.

- 1846: Äther wurde als erstes Betäubungsmittel verwendet. Durch Betäubungsmittel und Narkose spürt der Patient den Schmerz nicht, Operationen werden sicherer.

- 1867: Joseph Lister führte die erste Operation mit einem Antiseptikum durch. Antiseptika töten Krankheitserreger. Vor dieser Zeit starben viele Patienten an Infektionen.

- 1895: Wilhelm Röntgen entdeckte die Röntgenstrahlen. Das sind unsichtbare Strahlen, die Fleisch und Weichteile durchdringen, von Knochen aber absorbiert (aufgenommen) werden. Dadurch kann man ins Körperinnere sehen.

- 1939: Penicillin wurde als erstes Antibiotikum entdeckt. Antibiotika sind Mittel, die krankheitserregende Bakterien abtöten.

- 1967: Die erste Herztransplantation wurde durchgeführt. Transplantationen sind Operationen, bei denen Organe, die nicht mehr richtig arbeiten, wie Herz, Lunge oder Niere durch gesunde ersetzt werden.

Sport und Spiel

Einige unserer bekanntesten Spiele gibt es schon sehr lange:

Dame: Ägypten, etwa 2000 v. Chr.

In der Urzeit, als die Menschen sich von der Jagd ernährten, lernten sie rennen und werfen. Die ältesten Sportarten – Laufen, Werfen, Bogenschießen und Ringen – entwickelten sich bei der Jagd. Als die Menschen seßhaft wurden, entstanden daraus Sportarten zur Unterhaltung und zur Ertüchtigung.

Fußball ist heute der beliebteste Sport auf der ganzen Welt.

Heute gibt es sehr viele verschiedene Sportarten und Spiele mit jeweils eigenen **Spielregeln.** Manche erfordern nur einen oder zwei Spieler, die sich messen. Bei anderen wetteifern Mannschaften miteinander. Sport hält uns nicht nur fit und gesund, er macht auch Spaß. Auch das Zuschauen kann sehr aufregend sein.

Die Olympischen Spiele

Die ersten Olympischen Spiele wurden vor etwa 2700 Jahren in Olympia (Griechenland) zu Ehren des Zeus abgehalten.

- Die Krieger im alten Griechenland trainierten Laufen, Weitsprung und Werfen. Sie traten bei der Olympiade gegeneinander an.

- Die Sieger der Wettkämpfe bekamen einen Ölzweig und wurden als nationale Helden verehrt.

- Im alten Griechenland war die Olympiade ein Fest des Körpers und des Geistes, bei dem auch Dichtung und Musik vorgetragen wurden.

Mannschaftsspiele

Die beliebtesten Spiele auf der ganzen Welt sind oft Mannschaftswettkämpfe zwischen zwei Teams.

- Fußball:
Spieler pro Mannschaft: 11
Ball: rund, aus Leder
Der Ball wird getreten
Ziel: möglichst oft den Ball ins Tor schießen

- Handball:
Spieler pro Mannschaft: 11
Ball: rund, leicht
Der Ball wird geworfen
Ziel: möglichst oft den Ball ins Tor werfen

- Basketball:
Spieler pro Mannschaft: 5
Ball: rund
Der Ball wird geworfen und auf den Boden getippt
Ziel: möglichst oft den Ball durch den hoch aufgehängten gegnerischen Korb werfen

Baseball

- Baseball:
Spieler pro Mannschaft: 9
Ball: klein
Der Ball wird mit einem langen keulenförmigen Holz-Schläger geschlagen
Ziel: möglichst viele Runden um den sechseckigen Spielplatz laufen

Schach: Indien, etwa 200 n. Chr.

Domino: China, etwa 1100 n. Chr.

Monopoly: USA, 1930

Olympische Ringe

• Nach einer 1500jährigen Pause wurden die Olympischen Spiele 1896 wieder eingeführt. Sie finden heute alle vier Jahre statt.

• Zur Eröffnung trägt ein Sportler die Flamme herein, die von Griechenland bis zum Spielort gebracht wurde.

Unglaublich, aber wahr

• Einer der frühesten Olympischen Rekorde, von denen wir wissen, war ein Weitsprung von 7,05 m (etwa 656 v. Chr.).

• Schon 1314 erließ König Edward II. von England in London ein Fußballverbot, weil Spieler und Zuschauer zu rücksichtslos wurden.

• Der längste Wettlauf fand 1928 zwischen New York und Los Angeles in Amerika statt (5 507 km). Der Sieger brauchte für die Strecke 79 Tage.

Spiele

Nicht alle Spiele erfordern körperliche Kraft. Bei manchen muß der Spieler seinen Geist anstrengen oder einfach nur Glück haben. Bekannte Spiele sind:

• Schach: ein schon sehr altes Strategie-Spiel auf einem Brett mit 64 schwarzen und weißen Feldern; der eine Spieler hat eine schwarze, der andere eine weiße Mannschaft, die jeweils aus folgenden Figuren bestehen: König, Dame, 2 Türme, 2 Springer, 2 Läufer und 8 Bauern.

• Dame: mit Schach verwandt, aber älter und einfacher; wird mit runden Spielsteinen gespielt.

• Brettspiele: die Züge der Figuren werden oft durch Würfeln bestimmt (zum Beispiel „Mensch ärgere dich nicht").

• Backgammon: eine Mischung aus Glück und Geschicklichkeit; die Spieler haben je 15 Steine auf einem bunten Spielbrett; sie würfeln abwechselnd mit zwei Würfeln und müssen alle Steine möglichst schnell vom Brett schaffen.

Backgammon

Brettspiel

Schach

• Kartenspiele: es gibt die verschiedensten Kartenspiele; einige sind Mannschaftsspiele (zum Beispiel Bridge), andere werden von einer Person gespielt (Patience); die 52 Spielkarten bestehen aus vier Gruppen: Herz, Kreuz, Karo und Pik.

Rekorde und Grenzen

Wer war der „erste"?:

Um 1000: Wikinger entdeckten von Europa aus Nordamerika.

Immer wieder gab es für die Menschen große Herausforderungen. Sie wollten die abgelegensten Stellen der Erde erforschen und mit Rekorden die menschlichen Grenzen erreichen. Immer wieder werden neue Rekorde aufgestellt, immer wieder versuchen Menschen die Grenzen an Ausdauer und Leistung zu erweitern.

Körpergrößen

Die größte Frau: 247 cm

Der größte Mann: 272 cm

Große Frau: 173 cm

Großer Mann: 188 cm

Durchschnittlich große Frau: 162 cm

Durchschnittlich großer Mann: 175 cm

Kleine Frau: 147 cm

Kleiner Mann: 162 cm

- Der menschliche Körper kann nur eine bestimmte Größe erreichen. Niemals könnte jemand so groß wie ein Elefant werden, auch wenn er noch so viel ißt.

Die kleinste Frau: 59 cm

Der kleinste Mann: 67 cm

Die Erforschung der Welt

Manche Menschen nehmen alle Gefahren und Anstregungen auf sich, um als erste etwas zu erforschen oder zu erreichen. Einige bedeutende Leistungen:

- Ein norwegisches Team erreichte 1911 nach einem 53tägigen Fußmarsch als erstes den Südpol.

- Die erste Weltumrundung über die Pole begann 1979 in London. Sie führte zum Südpol, zum Nordpol und wieder nach London (insgesamt 56 325 km). Die Teilnehmer kamen erst 1982 zurück.

- Der amerikanische Astronaut Neil Armstrong betrat am 21 Juli 1969 als erster Mensch den Mond.

- Die längste bekannte Strecke im Wasser legte 1930 ein Schwimmer im Mississippi zurück. Er war insgesamt 742 Stunden im Wasser.

- Den Mount Everest, den höchsten Berg der Welt, bestiegen 1953 als erste Edmund Hilary und Tensing Norgay.

 **1519-1522:** Ferdinand Magellan umsegelte die ganze Welt.

 **1642-1644:** Abel Tasman umsegelte Australien.

 **1804-1806:** Lewis und Clark durchquerten zu Fuß die USA.

Höhen und Tiefen

Die moderne Technik ermöglicht es uns, die Tiefen der Ozeane und die Weiten des Weltalls zu erforschen.

- Die Astronauten von Apollo 13 erreichten eine Höhe von 400 187 km über der Erde.

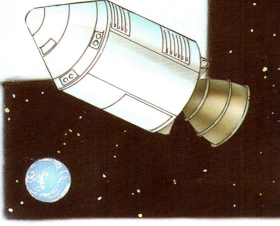

- Der höchste Heißluftballon flog 1961 in einer Höhe von 34 668 m über dem Golf von Mexiko.

- Der Tiefenrekord für das Tauchen ohne Sauerstoffgerät liegt bei 105 m.

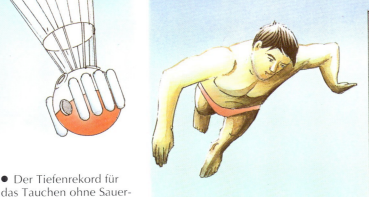

- Die größte im Meer erreichte Tauchtiefe ist 10 916 m (in einem U-Boot bei der Erforschung des Pazifischen Ozeans).

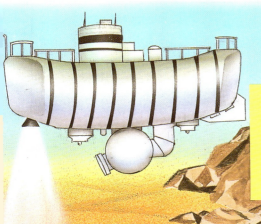

Unglaublich, aber wahr

- Das Gehirn eines Menschen ist fünfmal kleiner als das eines ausgewachsenen Elefanten.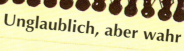

- Der Rekord für das Stehen auf einem Bein ohne Unterstützung liegt bei 34 Stunden.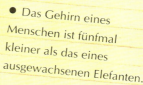

- Der gesamte Körper eines Babys ist nur etwa viermal so lang wie sein Kopf. Beim Erwachsenen ist der Körper etwa achtmal so lang wie der Kopf.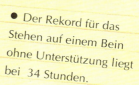

Menschliche Grenzen

Vieles können wir niemals so gut wie manche Tiere:

- Wir können nicht so schnell laufen wie Geparden – die schaffen über 100 km/h.

- Wir sind nicht so stark wie der Nashornkäfer, der 850mal sein eigenes Gewicht auf dem Rücken tragen kann.

- Wir können nicht so gut riechen wie bestimmte Motten, die Gerüche über 11 km wahrnehmen.

- Wir können nicht so gut hören wie Delphine und Fledermäuse. Sie hören sehr hohe Laute, die wir nicht mehr wahrnehmen.

- Wir können niemals so viel essen wie die Polyphemus-Motte, die innerhalb von 48 Stunden 86 000mal ihr eigenes Körpergewicht verputzt.

- Wir können nicht so viel Geschrei wie südamerikanische Brüllaffen machen, die 16 km weit zu hören sind.

Gewalt und Verbrechen

Diese und andere Organisationen arbeiten für die Menschenrechte und den Frieden:  Oxfam, Deutscher Entwicklungsdienst, Welthungerhilfe etc.

Schon immer haben die Menschen **Kriege** geführt und **Verbrechen** begangen. Die negative Seite der menschlichen Natur wird oft durch die Gier nach Macht, Besitz und Geld geweckt. Manchmal werden die Menschen aber auch durch Armut oder Ungerechtigkeit zu Straftaten oder Gewalt verleitet.

Waffen

Kriege haben sich im Laufe der Jahrhunderte verändert. Dies sind verschiedene Angriffs- und Verteidigungswaffen:

- Schlag- oder Stichwaffen, die man in der Hand hält, sind die ältesten Waffen. Dazu gehören Keulen, Schwerter und Speere.

- Katapulte sind frühe „Schußwaffen". Gewehre und Kanonen kamen später auf. Heute gehören dazu auch Maschinengewehre, Torpedos und Lenkflugkörper (ferngesteuerte Geschosse).

- Die ersten Bomben im 16. Jahrhundert waren hohle Metallbälle, gefüllt mit Schießpulver. Sie wurden mit einer Lunte entzündet.

- Minen entwickelten sich in Anlehnung an Fallen für Tiere. Moderne Tretminen explodieren, wenn man sie berührt.

- Zu den modernen Bomben gehören auch Atombomben, die die Atmosphäre radioaktiv verseuchen.

Unglaublich, aber wahr

- Zur längsten Gefängnisstrafe wurde in Amerika ein dreifacher Mörder verurteilt (10 000 Jahre).

- Der kürzeste Krieg dauerte nur 38 Minuten. Er wurde am 27. August 1896 zwischen Großbritannien und Sansibar (Insel, die heute zu Tansania gehört), ausgetragen.

- China hat mit über zwei Millionen Soldaten die größte Armee der Welt.

Kriege

Die Geschichte ist durchzogen von Kriegen. Einige Fakten zur Kriegführung:

- In den letzten 5 500 Jahren gab es nur 292 Jahre, in denen nicht irgendwo auf der Welt Krieg herrschte.

- Der längste Krieg wurde zwischen England und Frankreich geführt. Er dauerte 115 Jahre – von 1338 bis 1453.

- Der Zweite Weltkrieg (1939-1945) kostete etwa 1,5 Billionen Dollar – mehr als alle vorherigen Kriege zusammen.

- Im Zweiten Weltkrieg starben mehr Menschen als jemals vorher – nämlich 54 Millionen.

- Man schätzt, daß 1988 auf der ganzen Welt 660 Milliarden Dollar für Waffen ausgegeben wurden. Das entspricht etwa 170 DM pro Erdbewohner.

 **Vereinte Nationen:** verschiedene Hilfsprogramme

 **Rotes Kreuz und Roter Halbmond:** medizinische Hilfe

 Amnesty International: Hilfe für politische Gefangene

Verbrechen

Alle Gesellschaften haben **Gesetze.** Verbrechen sind verbotene Taten, die vom Gesetz bestraft werden.

- **Brandstiftung:** Jemand zündet absichtlich ein Gebäude oder anderen Besitz an.

- **Überfall:** Jemand wird verletzt.

- **Mord:** Jemand wird absichtlich umgebracht. Totschlag dagegen bedeutet, jemanden versehentlich oder in Notwehr töten.

- **Einbruch:** Jemand dringt ohne Erlaubnis in fremde Gebäude ein und stiehlt dort etwas.

- **Verrat und Hochverrat:** Jemand hilft den Feinden seines eigenen Landes oder greift den Herrscher seines Landes an.

Bestrafung

Jemand, der eines Verbrechens für schuldig befunden wird, wird bestraft. Dies dient der Abschreckung anderer, die ebenfalls Verbrechen planen und soll den Verurteilten an weiteren Straftaten hindern. Arten der Bestrafung:

- **Inhaftierung:** Verbrecher werden in Gefängnissen eingesperrt.

- **Gemeinnützige Arbeiten:** Der Verurteilte muß nicht ins Gefängnis. Er wird zu gemeinnützigen Arbeiten eingesetzt (Arbeit in Altersheimen, Krankenhäusern etc.).

- **Geldstrafe:** Der Verurteilte muß eine bestimmte Summe zahlen.

- **Bewährung:** Der Verurteilte muß nicht ins Gefängnis, sein Verhalten wird aber ständig kontrolliert.

- **Todesstrafe:** In China, Südafrika, der Türkei, dem Iran, Saudi-Arabien, Malaysia, sowie in 38 Bundesstaaten der USA und in der früheren UdSSR werden Mörder mit dem Tod bestraft.

- In Australien und Großbritannien gibt es nur für Landesverrat die Todesstrafe. Bei uns gibt es keine Todesstrafe.

Die Zukunft

Wir können viel tun, um unsere Atmosphäre zu schützen:

Die Abwärme von Fabriken zum Heizen unserer Häuser nutzen.

In den letzten hundert Jahren hat sich das Leben auf der Erde stärker verändert als jemals zuvor, seit es Menschen gibt. Wir können nicht wirklich voraussagen, wie die Zukunft aussehen wird. Doch sicher erwarten uns große Herausforderungen.

Eine der größten Aufgaben wird sein, unseren Planeten vor der **Umweltverschmutzung** zu schützen. Es müssen auch Wege gefunden werden, die **Rohstoffe** gerechter zu verteilen.

Umweltverschmutzung

Die Verschmutzung der Lebensräume bedroht Wasser und Luft. Internationale Gesetze und die Anstrengungen jedes einzelnen Menschen können dazu beitragen den Schaden zu begrenzen.

- Die Ansammlung von Kohlendioxyd aus Abgasen bewirkt eine globale Erwärmung: Die Luft wird langsam immer wärmer.

- Saurer Regen enthält giftige Substanzen aus Fabriken und Autoabgasen. Er kann schnell zum Tod von Pflanzen führen. Wir können etwas dagegen tun, wenn wir weniger Auto fahren.

- FCKW-Gase (in Sprühdosen und Kühlschränken verwendet) zerstören die Ozonschicht, die in etwa 25 km Höhe die Erde umhüllt.

- Flüsse und Meere sind vielfach von giftigen Industrieabwässern verschmutzt: Die Fische sterben, das Trinkwasser wird ungenießbar. In vielen Ländern gibt es heute Gesetze, um die Verschmutzung zu verringern.

- Durch Verbrennung von fossilen Brennstoffen (Kohle, Gas, Erdöl) wird Kohlendioxyd freigesetzt. Die Menge vergrößert sich, wenn Wälder zerstört werden, da die Bäume Kohlendioxyd umwandeln.

Tiere und Pflanzen retten

Die Menschen haben viele Tiere und Pflanzen fast ausgerottet, sie sind vom Aussterben bedroht. Internationale Organisationen und Regierungen versuchen das zu verhindern.

- Von den seltensten Pflanzenarten kennen wir nur ein einziges Exemplar.

- Eine Tierart gilt als ausgestorben, wenn man 50 Jahre lang kein Exemplar davon gesehen hat.

Dodo (ausgestorbene Vogelart)

- Jedes Jahr wird ein Regenwaldgebiet, so groß wie die gesamte Schweiz, zerstört. Die Bäume werden zur Holzgewinnung oder, um Platz für Felder und Bergwerke zu gewinnen, gefällt.

 Häuser gut isolieren, damit man weniger heizen muß
 Mehr Bäume pflanzen
 Statt eines Autos Züge und Busse benutzen

Unglaublich, aber wahr

- Ein Sonnenkraftwerk in Kalifornien, USA, wird schon bald genug elektrische Energie liefern, um eine Million Menschen zu versorgen.

- Auf der Erde hungern etwa 750 Millionen Menschen – das entspricht zweimal der Einwohnerzahl von Europa.

- Die arabische Oryxantilope war in der Wildnis schon ausgerottet, konnte aber in Zoos gerettet werden.

Neue Energiequellen

Die Vorräte an Kohle, Gas und Öl werden mit dem Anwachsen von Städten und Fabriken schnell aufgebraucht. In Zukunft könnten wir lernen, neue Energiequellen zu nutzen, die nicht aufgebraucht werden können:

- Windkraft: Elektrizität kann man durch Windräder gewinnen, die nur durch die Kraft des Windes angetrieben werden.

- Wasserkraft: Man experimentiert damit, die Kraft der Ozeanwellen und Flüsse zur Energiegewinnung einzusetzen.

- Neue Treibstoffe: kann man aus winzigen Algen, aus Alkohol und aus tierischen Fäkalien gewinnen.

- Sonnenenergie: Die Sonnenstrahlen können auf der Erde zur Energiegewinnung genutzt werden.

- Kernfusion: Durch die Verschmelzung von Atomkernen werden riesige Energiemengen freigesetzt. Dies könnte sicherer sein als die heute genutzte Kernkraft.

Nutzung des Weltalls

Auch der Weltraum könnte Rohstoffe liefern. Mögliche zukünftige Entwicklungen:

- Rohstoffe wie Eisenerz könnten auf dem Mond gewonnen werden.

- Gigantische Sonnenkraftwerke könnten die Erde umrunden und die gewonnene Energie an die Erde liefern.

- Menschen könnten im Weltall in Raumstationen, die die Erde umrunden, leben.

Beim Bau einer Raumstation

Fakten und Tabellen

Die Urmenschen

Wissenschaftler können ungefähr abschätzen, wann unsere verschiedenen Vorfahren gelebt haben:

Australopithecus: vor 1 bis 8 Millionen Jahren

Homo habilis: vor 1,5 bis 2,5 Millionen Jahren

Homo erectus: vor 300 000 bis 1,6 Millionen Jahren

Homo sapiens: vor 100 000 bis 200 000 Jahren

Neandertaler: vor 35 000 bis 120 000 Jahren

Moderne Menschen: vor 30 000 bis 50 000 Jahren

Funde von prähistorischen Menschen

Anthropologen haben Überreste von Urmenschen gefunden:

Jahr	Fund	Fundort	Alter in Jahren
1865	Neandertalerschädel und -knochen	Deutschland	120 000
1868	Cromagnon-Skelett (Homo sapiens)	Frankreich	35 000
1924	Australopithecus-Schädel	Botswana	1 Million
1975	Australopithecus-Skelett (Lucy)	Äthiopien	3-4 Millionen
1975	Homo erectus	Kenia	1,5 Millionen
1980	Homo sapiens	Tansania	120 000

- Die Anthropologen nannten das älteste Skelett eines Australopithecus Lucy (nach dem Beatles-Song „Lucy in the sky with Diamonds").

- Lucy starb vor etwa 3 Millionen Jahren. Sie war etwa 40 Jahre alt und nur 106 cm groß.

Bevölkerung

Einige der am dichtesten besiedelten Regionen der Erde:

Land	Menschen pro Quadratkilometer 1990
Monaco	14 681
Singapur	4 369
Vatikan	2 500
Malta	1 117
Bangladesh	784
Bahrain	726
Malediven	718
Barbados	598
Taiwan	561
Mauritius	529

Zu den am dünnsten besiedelten Regionen gehören:

Land	Menschen pro Quadratkilometer 1990
Grönland	0,1
West-Sahara	0,5
Mongolei	1,4
Mauretanien	1,9
Australien	2,2
Botswana	2,2
Libyen	2,4
Surinam	2,5
Kanada	2,9
Island	3,2

Der menschliche Körper

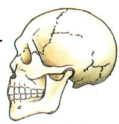

- Die meisten Menschen verbringen ein Drittel ihres Lebens im Schlaf.

- Ein zweijähriges Kind ist etwa halb so groß, wie es als Erwachsener sein wird.

- Das Herz schlägt etwa 70mal pro Minute. Das sind fast 37 Millionen Schläge pro Jahr.

- Der längste und stärkste Knochen ist der Oberschenkelknochen.

- Unser Körper hat 639 Muskeln.

- Auf der Welt gibt es vier Blutgruppen-Grundtypen: A, AB, B und 0. 0 ist die häufigste.

- Manche Menschen können Farben so genau erkennen, daß sie etwa 300 000 unterschiedliche Farben und Nuancen unterscheiden können.

- Unser Ohr kann mehr als 1500 verschiedene Musiktöne erkennen.

- Man kann nur mit geschlossenen Augen niesen.

Die Menschen der Welt

- Wissenschaftler, die die Verwandtschaftsbeziehungen von Menschen und Völkern erforschen, untersuchen folgende Merkmale (die von Gruppe zu Gruppe verschieden sein können):

Haut	Blutgruppe
Haar	Farbenblindheit
Sprache	Art des Ohrenschmalzes
Skelett	Erbkrankheiten

Sprachen

Das sind die meistgesprochenen der 5 000 Sprachen:

Sprache	Zahl der Sprecher
Mandarin-Chinesisch	788 Millionen
Englisch	420 Millionen
Hindustani	300 Millionen
Spanisch	296 Millionen
Russisch	285 Millionen

- Andere weitverbreitete Sprachen sind Arabisch, Portugiesisch, Bengali, Deutsch und Japanisch. Etwa 100 bis 200 Millionen Menschen sprechen die jeweilige Sprache.

- Sprachen, die in mehreren Ländern gesprochen werden, haben oft unterschiedliche Wörter für die gleiche Sache. Beispiele aus dem Englischen und aus dem Deutschen:

Britisches Englisch	Amerikanisches Englisch
Biscuit (Keks)	Cookie
Petrol (Benzin)	Gas
Autumn (Herbst)	Fall
Lift (Lift)	Elevator
Pavement (Gehsteig)	Sidewalk

Deutschland	Österreich
Blumenkohl	Karfiol
Brötchen	Semmel, Gebäck
Sessel	Fauteuil
Stuhl	Sessel
Pilze	Schwammerl
Hefe	Germ
Quark	Topfen
Sahne, süß	(Schlag) Obers
Puderzucker	Staubzucker

Essen

Den Energiegehalt von Nahrungsmitteln mißt man in Kalorien (manchmal auch in Joule). Hier siehst du, wieviel Kalorien bestimmte Nahrungsmittel enthalten:

Nahrungsmittel	Kalorien in 100 g
Butter	740
Weißer Zucker	394
Vollkornbrot	318
Weißbrot	233
Reis (gekocht)	123
Kartoffeln (gekocht)	80
Vollmilch	65
Apfel (roh)	46
Erbsen	41
Kohl (gekocht)	9

- Ein durchschnittlich arbeitender Mann braucht etwa 3 000 Kalorien am Tag, eine Frau 2 200.
Hier siehst du, wieviel Kalorien pro Tag die Menschen in anderen Ländern durchschnittlich verbrauchen:

Land	Kalorien pro Tag
USA	3 600
Australien	3 300
Brasilien	2 600
China	2 600
Indien	2 200
Tschad (Afrika)	1 700

Hier siehst du, wieviel Kalorien bei bestimmten Tätigkeiten verbraucht werden:

Tätigkeit	Kalorienverbrauch pro Stunde
Im Bett liegen	60
Autofahren	168
Abwaschen	230
Spazierengehen (6 km/h)	492
Radfahren (21 km/h)	660
Laufen (8 km/h)	850
Brustschwimmen (56 Züge pro Minute)	1212

Kleidung

Traditionelle Kleidungsstücke (M bedeutet von Männern getragen, F von Frauen):

Kleidungsstück	Land
Aba (lange Robe, M)	Nigeria
Dhoti (weißer Lendenschurz aus Baumwolle, M)	Indien
Fustanella (Faltenrock, M)	Griechenland, Türkei
Kaftan (langes weites Kleid, M)	Arabien, Nordafrika
Kilt (karierter Rock in den Farben der Familie oder des Clans, M/F)	Schottland
Kimono (lange Robe mit weiten Ärmeln, F)	Japan
Parka (fellgefütterte Jacke, M/F)	Arktis, Alaska
Poncho (Umhang aus einer Decke M/F)	Mexiko, Mittel- und Südamerika
Sari (lange Stoffbahn, die mehrmals um den Körper geschlungen wird, F)	Indien
Sarong (bunte Stoffbahn, die mehrmals um den Körper geschlungen wird, M/F)	Ferner Osten

- In China durften früher nur die mächtigsten Leute Gelb tragen. Die meisten Menschen trugen blaue Kleidung, weil blaue Farbe billig war.

- Traditionsgemäß trugen chinesische Bräute Rot. Weiß war die Farbe der Trauer.

- Levi Strauss fertigte 1850 die erste Blue Jeans an. Er wollte feste Arbeitshosen für die amerikanischen Goldsucher herstellen.

- Im alten Rom hatten nur reiche Leute rote Kleidung. Die rote Farbe kam von der Purpurschnecke und war ausgesprochen teuer.

Fakten und Tabellen

Religion

Die wichtigsten Religionen sind:

Religion	Zahl der Anhänger
Christentum	1758 Millionen
Islam	935 Millionen
Hinduismus	705 Millionen
Buddhismus	303 Millionen
Sikhs	18 Millionen
Judentum	17 Millionen

- 233 Millionen Menschen auf der ganzen Welt bezeichnen sich als Atheisten (die an keinen Gott glauben). 866 Millionen Menschen sind nicht religiös (sie praktizieren ihren Glauben nicht).

Regierung

Kaiser und Könige

Dies sind die wichtigsten Herrscher der letzten Jahrhunderte. Die Zahlen in Klammern geben ihre Regierungszeiten an:

Friedrich Wilhelm I. (1640-1688) von Preußen (der „Große Kurfürst")
Maria Theresia (1740-1780) von Österreich
Franz Joseph I. (1848-1916) von Österreich
Wilhelm II. (1888-1918) (deutscher Kaiser)

Bundeskanzler

Bundeskanzler, die in den letzten Jahren in Deutschland und Österreich regierten. Die Zahlen in Klammern geben ihre Regierungszeiten an.

Deutschland

Willy Brandt (1969-1974)
Helmut Schmidt (1974-1982)
Helmut Kohl (seit 1982)

Österreich

Bruno Kreisky (1970-1983)
Fred Sinowatz (1983-1986)
Franz Vranitzky (seit 1986)

Einige amerikanische Präsidenten

George Washington (1789-1797)
Thomas Jefferson (1801-1809)
John F. Kennedy (1961-1963)

Die berühmtesten Kinderbücher

Hans Christian Andersen:	Andersens Märchen
Lewis Carroll:	Alice im Wunderland
Gebrüder Grimm:	Grimms Märchen
Heinrich Hoffmann:	Struwwelpeter
Rudyard Kipling:	Das Dschungelbuch
Karl May:	Winnetou
Mark Twain:	Die Abenteuer von Huckleberry Finn
Johanna Spyri:	Heidi
Robert Louis Stevenson:	Die Schatzinsel

Berühmte Schriftsteller

Wolfram von Eschenbach:	Parzival
Miguel de Cervantes:	Don Quixote
Geoffrey Chaucer:	Canterbury Tales
Dante:	Die Göttliche Komödie
Grimmelshausen:	Simplicissimus
Goethe:	Faust
Charles Dickens:	Oliver Twist
Jonathan Swift:	Gullivers Reisen
Tolstoj:	Krieg und Frieden

Berühmte Maler

Maler	Lebensdaten	Nationalität	Themen
Sandro Botticelli	1444-1510	Italien	Religiöse Themen
Pieter Brueghel	1520-1569	Flämisch	Dorfleben
John Constable	1776-1837	England	Landschaften
Leonardo da Vinci	1452-1519	Italien	u. a. Mona Lisa
Paul Gauguin	1848-1903	Frankreich	Menschen und Landschaften Tahiti und Südpazifik
Michelangelo	1475-1564	Italien	Sixtinische Kapelle, Vatikan
Claude Monet	1840-1926	Frankreich	Impressionismus
Pablo Picasso	1881-1973	Spanien	Verschiedene Stilrichtungen, u. a. Kubismus; veränderte die moderne Malerei grundlegend
Rembrandt	1606-1669	Niederlande	Protraits
Joseph Turner	1775-1851	England	Landschaften
Vincent van Gogh	1853-1890	Niederlande	Landschaften, Leute und Alltagsgegenstände

Berühmte Komponisten

Komponist	Lebensdaten	Nationalität
Bach	1685-1750	Deutsch
Beethoven	1770-1827	Deutsch
Brahms	1833-1897	Deutsch
Britten	1913-1976	Englisch
Chopin	1810-1849	Polnisch
Gershwin	1898-1937	Amerikanisch
Haydn	1732-1809	Österreichisch
Mozart	1756-1791	Österreichisch
Strawinsky	1882-1971	Russisch
Tschaikowsky	1840-1893	Russisch

Kino

- Der erste Tonfilm, der „Jazz Singer", entstand 1927.

- Das größte Kino der Welt ist Radio City Music Hall in New York. Es hat 5 874 Plätze.

- Der größte Kino-Komplex der Welt steht in Brüssel (Belgien). Er besteht aus 24 Kinosälen mit insgesamt 7 000 Plätzen.

Erfindungen

Einige wichtige Erfindungen:

Erfindung	Wann	Wo
Töpferei	7000 v. Chr.	Iran
Ziegelsteine	6000 v. Chr.	Jericho
Schrift	4000 v. Chr.	Mesopotamien
Rad	3200 v. Chr.	Mesopotamien
Glas	3000 v. Chr.	Ägypten
Schießpulver	950 n. Chr.	China

Diese modernen Dinge wurden schon vor erstaunlich langer Zeit erfunden:

Strickmaschine	1589
Mikroskop	1590
U-Boot	1592
Additionsmaschine	1620
Druckkochtopf	1679
Maschinengewehr	1718
Blitzableiter	1752
Fallschirm	1783
Batterie	1800
Alarmsicherung	1858

Um die Welt

So lange brauchen verschiedene Transportmittel für eine Reise um die Welt:

im 16. Jahrhundert: Segelschiff, 2 Jahre

1929: Luftschiff, 21 Tage und 7 Stunden

1957: Boeing B-52, 1 Tag 21 Stunden

1967 Satellit 80,5 Minuten

Gewalt und Verbrechen

- 1988 gab es zum Beispiel in britischen Gefängnissen 57 000 Inhaftierte. 1997 sind es wahrscheinlich über 60 000.

- Eine Untersuchung von 1986 zeigte, daß in den USA von 100 000 Menschen 8 ermordet wurden. Das war doppelt soviel wie in den auf der Statistik nachfolgenden Ländern Ungarn, Israel und Australien. Norwegen hat die wenigsten Morde zu verzeichnen.

- Im Ersten Weltkrieg wurden in der Schlacht an der Somme (1916) mehr als eine Million Soldaten verwundet oder getötet.

- In der Schlacht von Stalingrad im Zweiten Weltkrieg kämen 1942-1943 etwa 2,5 Millionen Deutsche und Russen ums Leben.

- Insgesamt starben im Zweiten Weltkrieg etwa 55 Millionen Menschen. Fast die Hälfte davon waren Russen.

Die beiden Weltkriege:

Krieg	Zeit	Sieger	Verlierer
1. Weltkrieg	1914-1918	Belgien, Großbritannien, Frankreich, Italien, Japan, Rußland, Serbien, USA	Österreich-Ungarn, Bulgarien, Deutschland, Osmanisches Reich
2. Weltkrieg	1939-1945	Australien, Belgien, Großbritannien, China, Dänemark, Frankreich, Griechenland, Jugoslawien, Kanada, Niederlande, Neuseeland, Norwegen, Polen, Südafrika, UdSSR	Bulgarien, Finnland, Deutschland, Ungarn, Italien, Japan, Rumänien

Olympische Spiele

- Die ersten Olympischen Spiele, von denen wir wissen, fanden 776 v. Chr. statt. Vielleicht gab es auch schon vorher welche.

- Die antiken Spiele hatten die Disziplinen Laufen, Springen, Ringen, Diskuswerfen, Boxen und Wagenrennen.

- Die ersten Spiele der Neuzeit fanden 1896 statt. Von den 311 Teilnehmern stammten 230 aus Griechenland.

1988 gewannen folgende Länder die meisten Medaillen:

Land	Gold	Silber	Bronze
UdSSR	55	31	46
Ostdeutschland	37	35	30
USA	36	31	27
Westdeutschland	11	4	15
Bulgarien	10	12	13
Südkorea	12	10	11

Sonstiges

- Ein Wissenschaftler hat ausgerechnet, daß zwischen 40 000 v. Chr. und 1990 60 Milliarden Menschen gestorben sind. Das bedeutet, daß heute 9% aller Menschen leben, die es jemals auf der Erde gab.

- Wenn man das Alter der Erde auf ein einziges Jahr beschränkt, so finden folgende Ereignisse erst am 31. Dezember statt:

> 16.45 Uhr: Menschenähnliche Wesen erscheinen
>
> 23.10 Uhr: Die ersten Menschen kommen nach Europa
>
> 14 Sekunden vor Mitternacht: Geburt Jesu Christi

- In diesem Vergleich (das Erdalter entspricht einem Jahr) würde jemand, der in Wirklichkeit 120 Jahre lebt, nur für eine dreiviertel Sekunde auf der Erde sein.

Register

Abakus 33
Abwärme 40
Additionsmaschine 45
Afrika
  Ahnenverehrung 25
  Bevölkerung 6
  Hochzeitssitten 15
  Regierungen 26
  traditionelle Kleidung 21
  ungewöhnliche Nahrung 18
Afrikanische Sprachen 17
Ägypten 30
Ahnenverehrung 25
Allesfresser 18
Alter 6, 12, 13
Altes Ägypten 30
Altes Ägypten, Schrift 17
Altes Griechenland
  Kunst 28
  Religionen 25
  Schauspiel 29
  Spiele 34, 45
Amerikanische Revolution 27
Amerikanischer Bürgerkrieg 31
Amerikanischer Kongreß 27
Amerikanisches Englisch 43
Amnesty International 39
Anaesthetikum 33
Angkor Wat 24
Antibiotika 33
Antike Häuser 23
Antiseptika 33
Apartment-Häuser 22
Apollo 13, 37
Arabisches Oryx 41
Arbeitskleidung 20
Arbeitslosigkeit 7
Arktis 22
Armstrong, Neil 36
Armut 7
Arterien 9
Asien 23
Asien, Bevölkerung 6
Atheisten 44
Äther 33
Äthiopien, Lebenserwartung 7
Athleten 34
Atmosphäre, Schutz der 40, 41
Atombombe 38
Atomuhr 33
Augen 11
Aussterben von Tieren 40
Australien
  Bevölkerung 42

Erforschung 37
  Städte 7
  Todesstrafe 39
Australopithecus 4, 42
Äxte 4
Azteken 25
Aztekische Religion 25

Babys 12, 13, 37
Backgammon 35
Badezimmer 28
Bahrain, Bevölkerung 42
Ballon 32
Bangladesh, Bevölkerung 42
Barbados, Bevölkerung, 42
Baseball 34
Batterien 45
Bauern 5, 7
Baumwollstoff 21
Begräbnis 5
Belgien, Kino 44
Bell, Alexander Graham 33
Berühmte Leute 30, 31
  (s. auch Komponisten, Maler, Schriftsteller)
Bevölkerung, Verteilung 7, 42
Bevölkerungsexplosion 6
Bevölkerungswachstum 6
Bewegung 10
Bibel 24
Blitzableiter 45
Blutkreislauf 9, 42
Boleyn, Anne 30
Bomben 38
Botswana, Bevölkerung 42
Boxen 45
Brahma 24
Brandstiftung 39
Brennstoffe 40, 41
Brettspiele 35
Bronzewerkzeuge 5
Brücken 35
Brüssel, Kino 44
Bücher 28, 44
Buddha 25
Bulgarien, Olympische Medaillen 45
Burkina Faso, Bevölkerung 7

Ceaușescu 26
Charles I. 26
China
  Ahnenverehrung 25
  Armee 38
  Bevölkerung 7
  Kleidung 43
  kommunistische Regierung 26

Chinesisch 16, 42
Christentum 14, 44
Clans 14
Cromagnon 42

Damespiel 34
Dampfloks 32
Demokratie 26
Denken 11
Deutschland
  Erfindungen 32
  Malerei 33
  Olympische Medaillen 45
Dialekte 16
Dichtung 28
Diktatoren 26
Diskuswerfen 45
Dodo 40
Dolní Věstonice 6
Dominospiel 35
Drama 29
Düngung 12
Düsenflugzeuge 32

Edward I. 27
Eheringe 14
Einbruchssicherung 39
Eisen 13
Eisenbahn 32
Elba 31
Elektrizität 41
Elizabeth I. 30
Eltern 14
Empfängnis 12, 13
Energie 9, 18
Energiequellen, neue 41
England, Krieg mit Frankreich 45
Englische Sprache 17, 42
Englischer Bürgerkrieg 26
Entdeckungsreisen 36, 37
Epochen 12, 13
Erdalter 45
Erfindungen 32, 33, 45
Erster Weltkrieg 38, 45
Esperanto 16
Europa, Bevölkerung 6

Fallschirm 45
Familien 14
Familienclans 14
Farbenblindheit 10
FCKW 40
Federkiel 28
Felle und Tierhäute 4, 5, 20, 23
Fernsehen 28, 29, 30
Fett 12
Fette 19

Feuer zum Kochen 4, 19
Fische, Verschmutzung 40
Fliegen, Geschwindigkeit 33, 45
Flugzeuge 32
Flußverschmutzung 40
Flyer I 32
Fotografie 28
Francis I. 28
Franco 26
Frankreich, Krieg mit England 38
Französische Revolution 27
Frauen, Körpergröße 36
Früchte 18, 19
Fühlen 11
Fußball 34, 35
Gandhi 31
Gas 40, 41
Geburt 13
Geburtsriten 15
Geburtszyklus 12
Gefangene 45
Gefängnisstrafe 28
Gehirn 10, 11, 37
Gemeinschaften 14
Gemüse 18, 19
Geschichten 28
Geschmacksknospen 11
Gesetze 26, 39, 40
Gewehre 38
Globale Erwärmung 40
Globe Theatre, London 28, 29
Götter 24, 25
Grenzen des Wachstums 37
Griechenland
  Alphabet 17
  Hochzeitsriten 15
Grönland, Bevölkerung 42
Grönland, Kleidung 24
Großbritannien
  Bevölkerungsdichte 42
  Erfindungen 32
  Gefängnisse 45
  Lebenserwartung 7
  Parlament 27
  Todesstrafe 39
Größe 36, 42
Großfamilien 14
Gutenberg, Johannes 33

Haare 8, 42
Handel 5
Häuser 5, 22, 23
Haut 11, 42
Hawaii, traditionelle Kleidung 21
Heilige Stätten 24

Heinrich VIII. 30
Heiratsgesetze 15
Heißluftballon 37, 45
Herz 8, 9, 42
Herztransplantation 33
Hieroglyphen 17
Hilary, Edmund 36
Hinduismus 24, 44
Hindus
   Feste 24
   Hochzeitsriten 14
   Tempel 25
Hindustani (Sprache) 42
Hitler 26
Hochzeit 15
Hochzeitsbräuche 14-15
Höhlenmalereien 28
Höhlenwohnungen 4
Homo erectus 4, 5, 42
Homo habilis 4, 42
Homo sapiens 5, 42
Hong Kong, Hausboote 23,
Hören 11, 42
Hosen 21
Hungerstreik 31

Iglus 22
Impfstoffe 33
Indien
   Hochzeitsriten 14
   Unabhängigkeit 31
   Wahlen 26
Indoeuropäische Sprachen 16
Industrieabfälle 40
Iran
   Todesstrafe 39
   Zelte 23
Islam 25, 44
Island
   Bevölkerung 42
   Häuser 22

Jagen 4
Japan
   Lebenserwartung 6
   Städte 7
Jeans 43
Jenner, Edward 33
Jericho 6
Jesus Christus 24
Juden 24, 25
Judentum 5, 44
Jungen 13
Jungenkleidung 21

Kalorien 43
Kambodscha
   Alphabet 17
   Tempel 24
Kanada
   Bevölkerung 42
   Kleidung 21
Kanonen 38
Karten 35
Kartoffeln 31
Katapult 38
Kenia, Bevölkerung 7
Kernfusion 41
Keulen 38
Kinder 14, 16
Kinderbücher 28, 44
Kinderkleidung 21
Kino 28, 30, 44
Kino, Anfänge 29
Kleidung 20, 21, 43
Kleinfamilie 14
Klima 21
Knochen 8, 42
   Fossilien 4
   prähistorische Funde 42
   verzierte 28
Knochennadeln 5, 20
Kochen 4, 19
Kohle 40, 41
Kohlendioxyd 40
Kohlenhydrate 19
Kolumbus 30
Kommunikation 33
Kommunismus 26
Komponisten 44
Konflikte 38, 39, 45
Koran 25
Körpersprache 17
Körpertemperatur 8, 9
Körperverletzung 39
Kriege 38, 45
Kuba, kommunistische Regierung 26
Kultgegenstände 24
Künste 28, 29
Künstler 44
Kutschen 45

Länder 7, 42
Laufen 35, 45
Lebenserwartung 6, 7
Leder 4, 5, 20
Lehmhäuser 23
Lenkflugkörper 38
Lewis und Clark 37
Libyen, Bevölkerung 42
Lincoln, Abraham 31
Literatur 28
London, Bevölkerung 7
Lunge 9

Mädchen 13
Mädchenkleidung 21
Magellan, Ferdinand 37
Magen 9
Malaysia, Todesstrafe 39
Malediven, Bevölkerung 42
Maler 44
Malerei 28
Malta, Bevölkerung 42
Mandarin-Chinesisch 16, 42
Maniok 18
Mann, Körpergröße 36
Marconi, Guglielmo 33
Mary, Königin 30
Maschinengewehre 38, 45
Mauretanien, Bevölkerung 42
Mauritius, Bevölkerung 42
Medizin 33
Meeresverschmutzung 40
Mekka 25
Menschenrechte 26
Menschlicher Körper 8, 11, 42
Menstruation 12, 13
Mexico City, Bevölkerung 7
Mexiko, Azteken 25
Mikroskop 45
Minen 38
Mineralstoffe 19
Mittelmeerraum, Häuser 23
Mode 21
Moderne Kunst 28
Mohammed 25
Mona Lisa 28, 44
Monaco, Bevölkerung 42
Monarchen 27, 30
Mond 36
Mond, Eisengewinnung 41
Mongolei, Bevölkerung 42
Monogamie 15
Monopoly 35
Mord 39
Moslems 25
Mount Everest 36
Mozart, Wolfgang Amadeus 31
Mumien 30, 31
Musikinstrumente 29
Muskeln 8, 42

Nähgarn 20
Nährstoffe 9, 19
Nahrung 18, 19, 43
Nahrungskonsum 8
Nahrungsmittelknappheit 7, 41
Napoleon Bonaparte 31
Nase 11
Neandertaler 4, 5, 42
Nerven 10
Nervenzellen 8
Neue Brennstoffe 41
Neuseeland, Regierung 26
New York
   Bevölkerung 7
   Wohnhäuser 22
Niepce, Joseph Nicéphore 28
Niesen 42
Nirwana 25
Nomaden 22
Nordamerika
   Entdeckung 36
   traditionelle Kleidung 21
Norgay, Tensing 36

Obst 18, 19
Odin 25
Ohren 11
Öl 11, 40, 41
Olympia, Griechenland 34
Olympische Spiele 34, 35, 45
Organe 9
Oryx 41
Oxfam 38
Ozeane 37
   Erforschung 37
   Verschmutzung 40
Ozonschicht 40

Paläste 22
Papier 33
Papyrus 33
Parlament 27
Patience 35
Pazifischer Ozean 37
Penicillin 33
Pfahlbauten 23
Pflanzen 18, 40
Pharaonen 30
Phönizier 17
Picasso, Pablo 31
Planwagen 23
Politische Parteien 26
Polygamie 15
Prähistorische Häuser 4
Prähistorische Malereien 28
Prähistorische Menschen 4, 5, 42
Präsidenten 27
Pubertät 13

Quarzkristalle 33

Rad 45
Radio 33
Radio City Music Hall 44

Raleigh, Sir Walter 31
Regenwälder 40
Regierung 26, 27
Reis 18
Religionen 24, 25, 44
Religiöse Zeremonien 24
Reproduktion 12, 13
Republiken 27
Revolutionen 26, 27
Riechen 42
Ringen 45
Roben 21
Rohstoffe 40
Rom 6
   Kleidung 43
   Regierung 26
Romane 28, 44
Römische Villen 23
Röntgen, Wilhelm 33
Röntgenstrahlen 33
Roter Halbmond 39
Rotes Kreuz 39
Russisch 42
Russische Revolution 27

Sahara, Zelte 23
Satelliten 33
Saudi-Arabien, Todesstrafe 39
Saurer Regen 40
Schach 35
Schallplatten 36
Schauspieler(innen) 29
Scheidung 15
Schießpulver 45
Schlacht an der Somme 45
Schlacht von Stalingrad 45
Schlacht von Waterloo 31
Schlafen 42
Schmecken 11
Schreiben 17, 45
Schreibmaschine 28
Schreine 24
Schriftsteller 44
Schuhe 21
Schweiß 11
Schweiz, Häuser 23
Schwerter 38
Schwimmen 36
Sehen 10, 11, 42
Seide 21
Shakespeare, William 29
Shanghai, Bevölkerung 7
Shinto 24
Sibirien, Zelte 23
Sikhs 44
Singapur, Bevölkerung 42
Sinnesorgane 10
Skelett 8, 42

Skulpturen 28
Sonnenenergie 23, 41
Sonnenuhr 32
Spanisch 42
Speere 38
Sperma 12
Spiele (Kunst) 28, 29
Spiele (Sport) 34, 35
Spielkarten 35
Sport 34, 35
Sprache 11
Sprachen 16, 17, 42, 43
Springen 45
Städte 5, 22, 23
   Bevölkerungsverteilung 7
Stalin 26
Stämme 14
Steinspeere 5
Steinwerkzeuge 4, 5
Steuern 26
Stifte 28
Stoffe 20, 21
Strafe 39
Strahlung 38
Straßenbau 45
Strauss, Levi 43
Strickmaschinen 45
Südafrika, Todesstrafe 39
Südamerika
   Häuser 23
   ungewöhnliche Nahrung 19
Südkorea, Olympische Medaillen 45
Südpolexpeditionen 37
Surinam, Bevölkerung 42
Süßkartoffeln 18
Synagogen 25
Syrien, Häuser 22

Tabak 31
Taiwan, Bevölkerung 42
Tal der Könige, Ägypten 30
Tasman, Abel 37
Tauchen 37
Taufe 15
Telefon 33
Theater 28, 29
Thermometer 45
Thora 24
Todesstrafe 39
Tokio, Bevölkerung 7
Tonfilme 29, 44
Töpferei 45
Torpedos 38
Totschlag 39
Transport 32
Tretminen 38
Trevithick, Richard 32

Türkei, Todesstrafe 39
Tut-ench-Amun 30

U-Boote 45
USA
   Bevölkerung 42
   Bundesstaaten 27
   Erforschung 37
   Lebenserwartung 7
   Olympische Medaillen 45
   Präsidenten 31
   Regierung 27
   Sprache 43
   Todesstrafe 39
UdSSR
   Kleidung 21
   Olympische Medaillen 45
   Regierung 26, 27
   Todesstrafe 39
Uhren 32, 33
Umweltverschmutzung 7, 40
Uniformen 20

Vatikan 7, 24, 42
Vegetarier 18
Verbrechen 39, 45
Verdauungssystem 9, 18
Vereinte Nationen 39
Verwandte 14
Victoria, Königin 31
Vinci, Leonardo da 28
Vitamine 19

Waffen 5, 38
Wagenrennen 45
Wal 26, 27
Wälder 40
Waldsterben 40
Walhall 25
Washington 27
Wasser 13
Wasserkraft 41
Weißes Haus 27
Weitsprung 45
Weizen 18
Weltbevölkerung 6, 7, 42
Weltreligionen 24, 25, 44
Weltumrundung über die Pole 36
Werkzeuge 4, 5, 32
West-Sahara, Bevölkerung 42
Wikinger 25
   Kinder 14
   Religion 25
Wildtiere 7
Windenergie 41
Wirbelsäule 10
Wohnraumknappheit 7

Wolle 21
Wright, Orville und Wilbur 32
Wurst 19

Yamswurzeln 18

Zeichnen 28
Zeitungen 30
Zellen 8
Zelte 23
Zeus 25
Zeustempel 34
Ziegelherstellung 45
Zukunft 40, 41
Zweiter Weltkrieg 38, 45